# 压力心理学

## 心理学

**用好压力，效率翻倍，财富翻倍**

张晓立 著

中国商业出版社

**图书在版编目（CIP）数据**

压力心理学 ：用好压力，效率翻倍，财富翻倍 / 张
晓立著. -- 北京 ：中国商业出版社，2024. 8. -- ISBN
978-7-5208-3028-7

Ⅰ. B842.6

中国国家版本馆 CIP 数据核字第 20246JP817 号

责任编辑：郝永霞

策划编辑：佟　彤

中国商业出版社出版发行

（www.zgsycb.com 100053 北京广安门内报国寺1号）
总编室：010-63180647　　编辑室：010-83118925
发行部：010-83120835/8286
新华书店经销
三河市京兰印务有限公司印刷

＊

710 毫米 ×1000 毫米　16 开　12 印张　160 千字
2024 年 8 月第 1 版　2024 年 8 月第 1 次印刷
定价：59. 80 元

＊ ＊ ＊ ＊

（如有印装质量问题可更换）

序

身处现代社会，生活节奏越来越快，各行各业飞速发展，行业知识不断更新迭代，新技术层出不穷，工作越来越忙，"996"已成为一些职场中人的常态，还有一些人戏称自己已经过上了"白加黑""007"的生活……毫无疑问，人们的压力越来越大了。

职场中的压力无处不在，几乎每个人都承受着不同程度的压力。而压力过载会严重影响人的身心健康。据世界卫生组织统计，全球已有约 3.5 亿人饱受抑郁症困扰。

职场人士在具备胜任本职工作所需的技术、能力的同时，还要应对职场中复杂的人际关系，不同场合之下的应酬和社交礼仪。此外，还有职业发展的压力、经济压力等。凡此种种，令人疲于应付。

然而，任何事物都具有两面性，压力也一样，既有消极的影响，也有积极的作用。

《孙子兵法》说："知己知彼，百战不殆。"面对压力这一无形而强大的对手兼朋友，我们先要对其有充分的了解，明白压力是如何产生的，有怎样的表现形式，以及压力对心理和身体会产生哪些影响等。在此前提下，我们才能做好压力管理，缓解工作中的压力。同时，善用压力，变压力为工作动力。

对现代人而言，压力管理是一堂必修课。压力管理主要是通过各种方法减缓个体面临的压力，并将消极性压力转化为积极性压力，从而保持高效生产力和良好的身心健康状态。当压力过高的时候，我们要及时采取有效措施，将过高的压力调到自己可以接受的阈值，以免身心为压力所伤。反之，当我们处于低压状态，感到工作缺乏动力的时候，也可以通过相应的方法，适当施加压力，提升内驱力，从而提高工作效率。

当然，也有一些人会期待没有压力的工作和生活状态。其实，完全没有压力的工作是不存在的。如果你感觉目前的工作压力很小，甚至小到几乎可以忽略不计，那未必是一件好事。真相可能是你的工作本身并不重要，岗位随时可能被撤销；或者你已经被"边缘化"；也可能是因为你积淀多年的工作经验和能力完全可以满足公司目前的需求，而你对自己也没有更高的要求。无论是哪一种情况，都是一种比较危险的状态，因为没有压力就没有动力，就难以有更大的进步和成长。

在职场中，压力往往与机遇同时到来。善于应对压力，勇于迎接挑战者，不仅能抓住压力背后隐藏的机遇，还能以压力激发自身的潜能，并提高解决问题的能力，打造自己的职场核心竞争力。

"铁人"王进喜有一句名言："井无压力不出油，人无压力轻飘飘。"可以说，压力是社会和个人进步的助推器，也是事业成功的关键要素。在日常工作中，用好压力，可以实现工作效率和财富翻倍，从而更好地实现自己的职场价值。

# 目 录 / CONTENTS

**第六章**

## 用好压力，打造你的核心竞争力

**第七章**

## 用好压力：效率和财富翻倍（一）

**第八章**

## 用好压力：效率和财富翻倍（二）

第一章

# 认识压力：什么是压力

# 压力的定义和表现形式

压力已经成为现代人的标签，随着生活节奏和工作节奏的不断加快，几乎每个人都承受着不同程度的压力。所以，压力似乎是一个耳熟能详的词语。可是你真的了解压力吗？真的深入研究过这一司空见惯的词语吗？

《孙子兵法》中有一句名言："知己知彼，百战不殆。"面对压力这一无形而强大的对手，我们先要对其有充分的了解，才能做好压力管理，并且利用压力提升工作效率，让自己的财富翻倍。

从物理学的角度讲，压力是指两个物体接触时，一个物体对另一个物体的作用力。延伸到心理学领域，压力是一种由压力源和压力反应共同构成的认知和行为体验的过程。压力源，顾名思义就是任何让人感受到紧张或不适的刺激、情境，而压力反应是指人们在压力源下产生的生理、心理以及行为等反应。

当人们面对压力时，首先会出现情绪反应。根据每个人的性格、心理素质以及抗压能力的不同，会出现不同程度的情绪波动，常见的情绪，如紧张、焦虑、抑郁、失落等。当在压力之下出现这些情绪时一定要以合理的方式来疏导自己的情绪，避免进一步引发行为反应。

这里所说的行为反应，可能很多人有过切身体验。当内心的压力达到一定程度而没有采取及时有效的措施进行缓解时，有些人就会出现一些不良的行为，如酗酒、吸烟、暴饮暴食、疯狂购物，或情绪低落、活动减少，对身边的人乱发脾气等。这些负面的做法和行为，不仅无法真正解决问题和缓解压力，还会使事态变得更加严重。

此外，压力还会引起身体的生理反应。如呼吸急促、心跳加速，以及因肌肉紧张而导致肢体僵硬，动作不够协调、自然。当然，如果不是在极端情况和环境下，对于一些常见的压力，大部分人可以将这些生理反应控制在一定范围内，也就是只有自己知道自己的身体已经出现这些生理反应，别人轻易是看不出来的。只有少部分对压力缺乏足够的应对和管理经验的人，会在身体和动作上出现明显的失控。

压力一旦引发生理反应、情绪反应、行为反应，整个人就会进入一种无序的状态，正常的生活节奏被打乱，无法保持饱满而积极的精神状态，出现记忆力减退、注意力无法集中等情况，进而对思维方式和认知能力产生很大的影响。工作效率也会大幅降低，乃至影响到项目的成败和职场的长远发展。

当一个人长期处于心理压力过大的状态，可能会出现一些心理问题，从而严重影响到个人的正常工作和日常生活。比如，有些人会因此患上不同程度的抑郁症、焦虑症。

根据医学杂志《柳叶刀》的研究，我国抑郁症患者呈现明显的高发趋势。除了青少年、孕产妇等群体以外，长期处于高压状态的职场人士也是容易患上抑郁症的群体。职场人士一旦出现抑郁症，不仅影响到正常的工作状态和职业发展，甚至有可能会危及生命。

华为公司的创始人任正非，因压力过大，也一度患上抑郁症。2000年前后，华为公司内忧外患严重，面临竞争对手的打压和诉讼，任正非压力非常大，甚至一度想要轻生，最终在医生的帮助和自己的努力调节下，抑郁症逐渐被治愈。

有一段时间，华为公司员工患抑郁症和焦虑症的人不断增加，给任正非带来了很大的压力，他内心深感对员工的歉疚，同时也感到自身的责任重大。2015年，华为心声社区发布了一封任正非的信。这篇标题为《要快乐地度过充满困难的一生——致陈珠芳书记及党委成员》的信，关注的是那些患有抑郁症的员工，信中充满温情和真情实感。任正非不仅讲述了自己曾经患上严重抑郁症，在医生的帮助下，最终走出抑郁阴霾的经历，还给了员工很多建议和鼓励。

任正非的建议不仅适用于华为内部员工，也值得所有职场人士借鉴。任正非认为人生是短暂而宝贵的，无论处在任何处境，都不要失去对生活的信心，不要自己折磨自己；同时，要保持一颗平常心，承认人和人之间是有差距的，不与其他人攀比，就会从内心生出满足感和幸福感；每个人都有缺点，不必为此过于焦虑，聪明的做法是扬长避短，相比费尽心思地补齐自己的短板，最大限度地挖掘和发挥自己的优势更重要。

压力的表现形式多种多样，压力会引发一定的行为反应、情绪反应、生理反应，这些都是正常现象。但如果出现严重的心理问题，甚至患上抑郁症，就说明压力已经达到了非常严重的程度，需要及时通过有效的治疗和自我调节来改善这种状态。

值得注意的是，压力也不是全然没有益处。任何事物都具有两面性，压力除了具有消极负面表现形式，也具备积极正面的表现形式。压力可以提高人的动力，使人在工作中更有积极性，能够充分挖掘一个人的潜能，提升工作效率，使工作成果更显著。

所以，压力本身没有好坏之分。压力是无形的，并非看得见、摸得着的实体，它是人们内心产生的一种心理反应和感觉。面对同样的挑战和压力源，不同人的反应以及感知到的压力程度是不一样的，有的人感觉压力已经大到严重影响自己的睡眠、饮食，无法正常工作和生活；而有的人感觉压力尚可，在自己可以承受的范围之内。有人会选择逃避和退缩，有人会化压力为动力，表现出更强的积极性。相比之下，显然后者更容易达成目标，并通过不断突破自己，获得更大的成长和进步。

在职场中，最重要的是学会有效应对和管理压力，将压力控制在合理范围之内，既不会因为压力过高而出现心理问题，也不会因压力不足而缺少动力。

说起来简单，实际做的时候就会发现其中的困难。因为人们在面对压力时，往往会出现各种不同程度的负面情绪，陷于紧张、焦虑、慌乱……从而无法理性思考和作出正确的决策。所谓"当局者迷，旁观者清"，也是这个道理。

即使是饱经世事，内心强大的智者，能够在压力面前保持客观、冷静的状态，也容易因为应对压力的经验和技巧不够，而无法善用压力，无法高效地解决问题。

此外，有些压力还具有不可预测性，比如工作中的突发事件，或者突然爆发的人际关系上的冲突等。当类似的事件发生时，很容易使人丧失对局面的掌控感，无法及时有效的应对，从而感到更大的压力。

　　我们要对压力的定义以及正面和负面的表现形式具有充分的了解，如此才能在此基础之上做好压力管理，尽可能地规避压力的负面表现形式，发挥压力积极、正向的一面，才能真正善用压力。

# 压力的常见类型

在快节奏的现代社会，压力已经成为人们无法避免的话题。为了更好地应对和管理压力，我们不仅需要了解压力的定义和表现形式，还要明确压力的常见类型都有哪些。

说到压力的常见类型，不能简单地一概而论，不同的组织和群体有不同的标准和划分。美国心理协会将压力分为三种类型，即急性压力、偶发性急性压力、慢性压力。

其中慢性压力最容易被我们忽略。这是一种长期存在的、稳定的压力，只是在与我们日复一日地相伴中，弱化了它的存在，逐渐成为一种生活的常态。比如长期的贫穷、慢性疾病、持久的战争等，这些问题都比较严重，并且无法预估什么时候会结束，但随着时间一天一天过去，很多人会慢慢习惯这种慢性压力的存在。

急性压力是指在短时间内突发的情况或来自外界的威胁，比如突如其来的车祸、自然灾害，忽然收到的裁员降薪通知等，这些事情往往会引起强烈的情绪反应，使人们感到高度的紧张、焦虑，甚至呼吸急促，有的人还会出现头痛的症状。凡此种种，在短时间内如潮水一般涌来，也会在压力缓解后，如潮水一般消退。

偶发性急性压力往往是突然发生的刺激或事件，且具有不可预测性。对于偶发性急性压力，人们往往无法控制和避免，而且这种突如其来的压力和刺激容易对人产生强烈而持久的影响。例如，有的人在突然经历了严重的车祸后，会出现失眠、恐惧、做噩梦等情况，从此减少外出，甚至在很长一段时间内不敢再乘车或驾车，严重影响到正常的工作和生活。这就是应激后创伤综合征，需要经过专业且漫长的治疗，克服心理障碍，重建正常的生活和工作。

如果没有出现严重的心理障碍和问题，对于轻中度的心理压力，我们可以自行采取一些方式来缓解和释放压力，比如冥想、听音乐、运动，培养良好的生活习惯和积极健康的心理状态也很重要。

第二种划分方式，是按压力的强度，将其划分为一般单一性生活压力、破坏性压力、叠加性压力。

所谓一般单一性生活压力，是指人们在生活和工作中遇到的一些无法避免的情况。比如考试、失业、搬迁，或者忽然接到一项陌生而困难的工作任务等。在每个人的一生中，这些事情时有发生，使我们被迫脱离舒适区，去完成这些具有一定难度或复杂度的任务。大部分人不喜欢去面对这些具有一定生疏感和挑战性的任务，对他们而言，这些是人生中的被动经历，自然而然地也就会产生一定的压力。但这种司空见惯的生活压力，其后果不完全是负面的，会让我们的人生经验和阅历更丰富，也会让我们在一定程度上变成更好的自己。

相比一般单一性生活压力，叠加性压力是一种非常严重的压力，令人难以应对和承受。叠加性压力又可分为同时性叠加压力和继时性叠加压力。前者是指同一时间里有若干构成压力的事件发生。继时性叠加压力则是指两个以上能构成压力的事件相继发生。

> 公元前 202 年，刘邦和项羽在垓下展开激烈的战斗，项羽的军队被刘邦围困。一天夜里，项羽和手下的将士听见四周响起熟悉的歌声，正是自己家乡楚地的民歌。仔细分辨后，项羽确认歌声是从刘邦的军营里传来的，项羽误以为刘邦早已攻下他的家乡，这熟悉的歌声也引起了士兵们的思乡之情，一时军心大乱，很多士兵趁夜色四散溃逃。项羽寡不敌众，最终被迫自杀。
>
> 当时的项羽面对的就是叠加性压力：压力一是双方实力和士兵人数的对比；压力二是项羽处于被围困的不利局面；压力三是项羽的军队在士气上处于劣势；压力四是来自楚地的歌声，项羽误以为楚地已经落入刘邦之手。所谓"祸不单行"，多种困境形成一种叠加性压力，不仅对项羽和手下士兵的心理造成了严重影响，也影响了项羽接下来的决策和行动，最终导致项羽在乌江自刎，英雄的一生拉上了帷幕。

破坏性压力又称极端压力，如战争、地震、火灾、空难、遭受攻击、绑架等。人们在经历破坏性压力后，会出现不同程度的情绪反应，严重者会造成创伤后应激障碍或灾难综合征。其中灾难综合征又被称为"存活过综合征"，表现为焦虑、幻觉、情绪低落、神经官能症、精神失常等。即使经过有效的治疗，一些人也会在多年之后做与灾难情景相似的噩梦。这种压力给人造成的心理创伤是巨大的，影响是长期的。

第三种对压力类型的划分方式，是根据其来源将压力分为内部压力和外部压力。内部压力又可以看作主观压力，主要由人的内心产生，往往与个人的期望、目标和价值观有关。内部压力有一定正向作用，可以使人更有积极性，更有动力，不断地向更高的标准和目标前进。同时，也可能产生一定负面作用。有些人对自己的要求过高，或过于追求完美，现实和理想之间就会出现落差，从而产生沮丧、失落等情绪，甚至失去自信心。

外部压力，顾名思义就是从外部而非自己的内心产生的压力。比如社会压力、工作压力，或者来自环境和他人的压力。作为公司的一员，以及社会的一分子，每个人身上都有多重标签，承担着相应的责任和义务，面临着来自领导的期望、客户的要求等。外界对个体的期望和要求与自己对自己的要求往往是不一致的。同时，人们还会面临不同程度的经济压力、社交压力、家庭问题等。这些都属于外部压力。

第四种划分方式将压力分为消极压力和积极压力。消极压力也被称为"不良应激"，是指人们在面对过度的、难以应对的压力时所表现出的负面情绪和不健康的生理反应。比如焦虑、抑郁、心跳加快、血压升高等。面对过度的消极压力，我们要采取积极有效的措施来缓解，从而保证身心的健康。

积极压力是对人有提升和促进作用的压力，又被称为"挑战性压力"或"积极应激"。当人们面对适当的压力时，会表现出一种积极性和兴奋感，并乐于迎接挑战。这种压力可以激发人的潜能和创造力，让人有更好的表现。比如，在临近考试时，学生们感受到压力会将更多时间、精力放在学习上，学习的效率和成果也会有所提升。面对职场中的竞争和考核，人们会积极提升自己，从而有更好的表现，取得更优异的工作成果。简言之，积极压力对个人的成长和长远的发展非常重要。

以上是几种常见的对压力类型的划分方式——了解它们是用好压力的前提和基础，可以让我们对压力有更深入的了解和认知。当我们在工作和生活中遇到压力时，就可以更准确地对其进行分类，明确哪些压力是我们难以应对的，需要求助专业人士，哪些压力可以发挥积极作用，提升工作效率，让财富翻倍。

# 压力对心理和身体的影响

压力对身体和心理都有很大的影响。相信很多人都听过伍子胥过昭关，一夜急白了头的故事。

春秋时期，楚国武将伍奢与太子建守城父。国君楚平王受佞臣挑唆，打算废掉太子建。于是，楚平王先杀了伍奢、伍尚父子，再派人到城父杀太子建。伍子胥正是伍奢的次子，侥幸逃过了此劫，想到吴国借兵为父兄报仇。

一天，伍子胥终于到了陈国的昭关，而陈国是楚国的属国，伍子胥只有出了昭关，才能到吴国。昭关地势险要，且有官兵把守，早已贴满了通缉伍子胥的画像公告。凡出关之人，都要被仔细盘查。

此时的伍子胥正躲在一名隐士东皋公的家里。伍子胥担心不能逃出昭关，心理压力非常大，夜间辗转反侧，一直睡不着，不由得站起身，在屋子里走来走去，一直到天亮。东皋公走进来，见了伍子胥，大吃一惊。一夜之间，伍子胥已经须发皆白。伍子胥得知自己的变化后，不由得大哭，慨叹自己大仇未报，却已经满头白发。不过伍子胥最终也因祸得福，正因换了模样，几乎不用乔装掩饰，在东皋公的帮助下，成功逃出了昭关。后来，伍子胥做了吴国宰相，领兵打败了楚国，将早已死去的楚平王掘坟鞭尸，终于替父兄报了仇。

根据现代医学的说法，像伍子胥这样一夜间满头白发的情况，属于精神紧张型的白发病。人在压力大，精神高度紧张的情况下，会引起内分泌失调，毛囊中黑色素细胞的寿命也会遽然缩短。

时代一直在发展和变化，但无论是伍子胥时期的"职场"，还是当下的职场，压力始终都存在。很多人长期处在高压中，压力得不到缓解和放松，又经常熬夜、加班，年纪轻轻就有了白头发。

压力不仅会导致过早衰老，确切地说，对全身都有影响。长期高压会影响神经系统，出现神经衰弱、失眠、焦虑等症状。还会影响循环系统，导致血压升高，或引起心脏神经官能症，出现阵发性胸闷、胸痛、心悸等情况。消化系统也容易出现问题，有些人会消化不良、腹痛、腹胀，甚至诱发急性胃炎和消化道出血。过度高压还可能引发呼吸急促、呼吸困难等症状。

过度的压力对身体的伤害很大。当然，压力对身体也有积极的影响。在适度的压力刺激下，可以让人在面对问题时反应更快、更专注。还可以刺激大脑中的海马体，从而有助于记忆巩固。

压力不仅能致病，也能"治病"。短期且适度的压力可以激活生理系统，从而使身体更好地对抗疾病，减少炎症反应。所以有的医生会采用"心理应激"的方式来治疗类风湿关节炎等慢性、炎症性疾病。医生会让患者回忆过去的创伤或经历，或者进行一些比较紧张的活动。这时，患者的免疫系统受到激发，炎症会得到一定程度的缓解。

压力不仅对身体有很大的影响，对心理的影响也很显著。若压力过大或持续时间过长，人们的心理极易出现一些问题，比如心情低落、自卑，甚至患上抑郁症、焦虑症等。抑郁症，我们之前已经介绍过，那么，什么是焦虑症呢？焦虑症又称为焦虑性神经症，主要表现为情绪上的焦虑。焦虑症可细分为多种类型和表现形式，比如社交恐惧症、创伤后应激障碍、强迫症等。

现代人似乎更容易出现一些心理问题，乃至患上抑郁症或焦虑症。其根源在于人们面临的压力越来越大。很多职场人士在具备胜任本职工作所需的技术、能力的同时，还要应对职场中复杂的人际关系，不同场合之下的社交礼仪，不同层级之间的沟通和协调等。凡此种种，令人疲于应付。时间长了，有些人就会患上焦虑症。

值得注意的是，我们应该学会区分正常的焦虑情绪和焦虑症。日常生活中，有些人一旦出现情绪低落、心情抑郁等问题，就怀疑自己得了抑郁症，很多时候并没有严重到这种程度。抑郁情绪不等于抑郁症，焦虑情绪也不等于焦虑症。

焦虑是一种比较常见的情绪感受，每个成年人都体验过。只有当这种焦虑的程度达到无法自控，且长时间持续存在，影响到正常工作和日常生活时，才有可能真的患上了焦虑症。

当然，压力对心理也有一定的积极影响。人在面对适度的工作压力时，往往会被激发出更强的积极性和创造性，从而提升工作效率，更好地完成工作。

李明在一家大型企业工作，刚升职为项目经理，面临着全新的挑战和考验。李明虽然感受到一定的压力，但更希望通过工作证明自己，实现自身职业价值的同时，也为公司创造价值。为此，李明在经过周密思考后，制订了详细的工作计划：首先，通过合理的规划和工作安排，使自己的时间和精力能够充分应用到项目中；其次，李明和团队成员进行了充分的沟通，使每个人都明确自己的工作内容，以及交付时间和考核标准；最后，李明还会不定期与客户保持积极的沟通，让客户明确项目的进展情况，增强客户对自己的信赖。对于公司内部领导，李明也会及时汇报工作，以便遇到困难时可以及时获得相应的支持和帮助。最终李明超预期完成了项目，受到公司领导和客户的一致赞赏。

简言之，压力对身体和心理的影响很大，有积极的影响，也有消极的影响。面对长期过高的压力，我们要及时缓解和放松自己，以免酿成严重的心理问题，并影响身体健康。而适度的压力则不会对身体造成危害，如运用得当，甚至可以促进健康，还能激发自身潜力和创造力，提升工作效率。

# 职场中的压力

现代社会，职场竞争越发激烈，人们的工作压力普遍都很大，并且这种压力不是单一的，而是来自方方面面。比如职业发展方面的压力、职场人际关系压力、薪资压力等。

说到职业发展方面的压力，初入职场时，可能很多人并未考虑太多。但随着年龄的增长，以及薪资要求的不断提高，人们将不得不考虑行业发展以及自己的职业前景规划。所以职业发展上的压力几乎是每个职场人士都要面对的，只是出现得早或晚而已。为了有效应对职业发展压力，可以采取以下措施。

## 一、制定明确的职业规划

有了清晰的目标，就不会盲目进入一些行业和公司。现实生活中，不乏一些年轻人，毕业后不知道自己擅长什么，喜欢什么，就随机选择了某一行业的基础岗位。其实，很多人大学时读的专业也是随机填报的，或者听从家人、老师的建议所作出的选择，所以毕业后更容易无所适从。

如果你的人生已经作出了一次不够谨慎、认真的决定，在选择自己的职业时一定要认真作好规划。刚毕业时可多尝试不同的工作，但工作两三年之后，最好不要频繁更换行业，这样才能在某一领域积累更丰富的经验。

## 二、坚持学习，自我提升

面对日益激烈的竞争，要不断提升自己的专业技能，除了工作之余的自学，还应多参加社会上的培训以及行业会议。

## 三、建立良性沟通机制，及时修正努力方向

努力工作提升自己的同时，还要与领导积极沟通，及时了解自己的不足，并做出有针对性的改进。同时明确公司的需求和未来的发展方向，使自己的努力与公司的发展方向不至于产生偏离。

## 四、积极拓展人脉关系

可以和同行、业界专家等保持联系，多参加社交活动，结识所在领域的杰出者。获取最新行业信息的同时，日后想跳槽时也会多一些选择和渠道。

总之，面对职业发展上的压力，不要过于忧虑，除了以上几种措施，还要保持积极乐观的心态，要相信自己的能力和价值。

工作量大，也是职场中常见的压力。很多人抱怨工作量大，领导每天给自

己安排很多任务，恨不能生出三头六臂。对于这一问题，要从两方面来考量。首先，要从自身找原因，看是否是自己工作效率低，或者工作能力和经验不足，导致无法在规定时间内完成工作。如果是自己的原因，要反思和改进自己的工作方法。通过制订工作计划和流程，合理安排自己的时间和精力，减少重复性的工作，以提升工作效率。如果确实是工作量大，自己难以应对，也不要一味埋头苦干，要与领导和同事多沟通，寻求更多的支持和配合。

其次，学会拒绝也很重要。对于超出自己工作范围的事情，可以礼貌地拒绝，或者向领导说明自己手上还存在正在处理的多项事务以及时间的紧迫。这样就会在获得他人充分理解的基础上减轻工作压力，拥有更高的工作效率。

人际关系压力也是职场常见压力。在职场中，良好的人际关系和及时有效的沟通非常重要。

春秋时期，楚国、齐国等国家日益强大后，对土地肥沃的宋国虎视眈眈。于是，辅佐宋国四任国君的华元站了出来。华元能力卓著，不是国君却胜似国君。

公元 606 年，华元率兵抵御郑国的进犯，但手下的士卒大多并非久经沙场。为了鼓舞士气，华元令人宰羊熬汤犒劳士卒。当时，羊羹是贵族才能享用的美食，普通士卒和老百姓很难吃到。士卒们看到华元的诚意，心里都很感动，表示一定要打胜仗。一时之间，宋军士气高昂。

这原本是一件好事。但华元在分羊羹的时候，遗漏了为自己驾驶战车的车夫。当时车夫正在修理战车，回来时羊羹早已被分光。车夫以为华元轻视自己，心中充满了怨气，发誓要让华元付出代价。第二天，两军对阵时，车夫驾驶着战车直奔敌方营地，对车上的华元说："昨天分羊羹，你说了算。今天驾驶战车，我说了算。"华元就这样成了俘虏，双方还没开打，郑国就夺取了胜利果实。

这未免令人遗憾。如果华元平时能够体恤下属，增进双方感情，车夫也未必会认为华元是有意轻慢自己。如果车夫当时能够与华元积极沟通，也可能消除误解，弥补自尊心受到的伤害。然而，历史没有如果。车夫的做法虽过于极端，甚至罔顾国家利益，但这个历史故事仍然值得我们吸取经验教训：在职场中，即使个人能力再强，也要与周围人搞好关系，并保持良性沟通，才能确保工作顺利开展。

如果不算睡眠时间，我们每天与领导和同事相处的时间甚至比家人还要多，所以一定要与之建立良好的人际关系，才能保证上班时有良好的心情和状态，需要工作上的协助时，也能得到及时的支持，确保高效地完成工作。在职场中，会遇到很多具有不同价值观和想法的同事，但我们要在言行上尊重每一个人，当同事为我们提供帮助时，要及时表达谢意，平时也可以买一些小零食或奶茶与大家分享。

与领导和同事沟通时，要充分听取对方的要求和建议，避免产生不必要的误解，进而影响工作进展和成果。学会倾听的同时，有效地表达也很重要。要注意自己的措辞和语气，尽量用对方能够理解的方式与之沟通。如此一来，不仅可以有效地避免矛盾和冲突，也可以降低沟通成本，提高工作效率。

工资低，经济压力大——对于这一点，很多职场人都会深有同感。对于职场中的经济压力，可以通过多种方式来解决。比如提高自己的工作能力，学习相关技能，多参加培训和行业会议，提升自己的市场竞争力。当自身价值提升之后，如果不能在公司内部获得升职加薪，也可以寻找机会跳槽到薪资待遇更高的公司。

其次是在业余时间做一些副业，或者投资理财，增加收入渠道。如果对你而言，增加收入来源比较难，也可以合理控制每月支出，减少不必要的消费。以上方式都可以达到减轻经济压力的目的。

压力是职场中的常态，每个人都面临着不同程度和形式的压力。但这些压力并非无解的难题，且都有多项改进的措施。当我们走在解决问题的路上，并且学会善用压力，我们就会变得更强大，成为更高效的职场人士。

第二章

压力产生的机制

# 压力是如何产生的

对现代人而言，几乎每天都会产生或大或小、不同形式的压力。人们感受到的压力是如何产生的呢？压力的产生有多方面的原因，大致可以概括为以下几点。

## 一、心理因素

面对外界环境提出的各种要求和挑战，个体一旦缺少足够的应对能力，就会感受到压力，产生沮丧、抑郁失落等情绪。

然而在当下社会，这是一种常态，每个人都面临着环境提出的挑战和压力，比如人际交往问题、环境问题、经济问题、自然灾害等。这些事情时有发生，最重要的是保持一颗平常心，只有这样才有助于缓解压力和解决问题。

## 二、生理因素

人体内部的生理变化，也会导致压力的产生，比如身体的病症，或某种未知的不适感。这时，很多人就会怀疑自己是否生了大病，陷入精神紧张的状态。对大部分普通人而言，如果真的生了大病，就会产生一系列问题，比如失业、入院治疗以及给全家人带来的经济压力和看护负担等。即使是日常的感冒或一些微小的病痛，也会影响我们的日常生活和工作状态。随着人的年纪越来越大，身体机能会不断下降，压力产生的生理因素会逐渐趋于明显。

为此，年轻的时候一定要注意养生和调节心理压力。拥有健康身体，胜过拥有无数财富。

## 三、个人因素

压力的产生与每个个体息息相关。一方面，每个人的心理素质，人生阅历、经验等方面各有不同，所以即使面对同样的挑战，每个人感受到的压力也是不一样的。比如同样是直播，经验丰富的主播可以表现得从容自信，落落大方；新人主播则可能如临大敌，异常紧张。

另一方面，每个人对自己的要求和期待不一样。一旦野心大于才华，梦想远远超出实力，个体就会感受到落差，容易产生失落、抑郁等不良情绪。所以目标不要定得太高，也不要过于追求完美，须知绝对的完美是不存在的。

了解了压力产生的原因，才能减少压力产生的因素，从而缓解压力。这需要多方面的策略。

## 一、学会放松自己，保持心情平静

可以通过冥想、深呼吸等方式来减轻紧张和焦虑。深呼吸是一个简单有效的小技巧。人在面临巨大心理压力时，往往会出现大脑一片空白，夜里睡不着等情况。此时，不妨尝试闭上眼睛，将注意力放在自己的鼻尖或小肚子上，大脑放空的同时，感受鼻尖的存在或小腹的起伏，缓慢悠长地深吸一口气，略微屏住呼吸，然后再慢慢呼气。以上动作连续重复十次，你会发现自己的内心慢慢平静了……

深呼吸主要是针对心理的放松。同时，还可以放松紧张、僵硬的肌肉。

操作如下：让全身的肌肉保持紧张收缩状态，用心感受这种紧张的感觉，几分钟后，放松身体。重复上述步骤，直至身体不再僵硬，彻底放松下来。

以上适用于全身紧张的状况，如果只是局部身体紧张，可只针对局部肌肉进行放松训练。比如，只有肩部感到紧张，那就让肩部肌肉先保持紧张状态，然后放松，不断重复这一过程，直到肩部不再紧张僵硬。

这一训练的原理，主要是让人的肌肉在紧张和放松的反复交替中，更好地认识和适应紧张的状态，并对其进行放松。

## 二、合理规划时间，避免拖延和压力积累

想要提高工作效率，缓解心理压力，合理规划时间是一种非常有效的方法，它可以确保我们的时间、精力得到高效利用，避免工作的拖延和压力的不断累积。为此，我们可以制定一个清晰的时间表，按照重要程度规划好每天要做的事项。排在首位的当然是工作，这样就不会使该完成的任务一直被拖延。同时，

也要安排好休闲和学习的时间。需要注意的是，不要把所有时间排满，以免有突发状况打乱计划，应适当留出一些空闲时间。

## 三、养成良好的作息习惯，保证充足的睡眠时间

日常要养成良好的作息习惯，保证充足的睡眠时间。如此，才能有充沛的精力，以及良好的精神状态。高效地解决问题，应对工作中的压力。很多人临睡前放不下手机，不知不觉就玩到了很晚，发现睡眠时间已所剩不多，不由得感到焦虑，赶紧放下手机准备入睡。结果第二天果然状态不佳，睡眠不足产生了一系列的影响，比如上班打瞌睡、头脑昏沉、注意力难以集中等，严重影响到工作状态和工作效率。所以，我们一定要确保睡眠时间充足，养成良好的作息习惯。

## 四、适当运动，缓解压力

生命在于运动。运动不仅能使人更健康，还能缓解压力，让人保持平和的心态。游泳不但可以增强心肺的功能，还可以减压，使全身的肌肉得到放松。人在跑步或骑单车时，几乎不需要脑力活动，可以让大脑得到更多的休息，暂时忘掉烦恼和压力。运动达到一定量时，身体会产生啡肽效应，令神经愉悦。啡肽又称"快乐因子"。所以，适当运动是一种非常有效的减压方式，尤其适合朝九晚五，长时间沉浸于工作和手机、电脑的上班族。

## 五、与亲朋好友交流和分享

不要长时间待在办公室和家里，可以不定期与朋友聚餐，交流所思所想以及遇到的有趣的事情。同时，工作中的压力和生活中的烦恼，也可以向朋友倾诉，即便不能获得合理化建议，仅仅是倾诉的过程，也会让我们感到减压。

> 日本知名作家村上春树曾经和妻子约定，太阳升起来的时候起床，天色变暗了，便尽早就寝。村上春树的一天是这样安排的，每天4点起床，煮咖啡，吃早点，然后开始写作，连续写作五六个小时后，中午11点左右开始运动。村上春树常年坚持跑步，每天跑10公里，然后是处理杂务和吃午饭的时间。如果是周六、周日，很多上班族可能此时才刚刚起床，而村上春树已经完成了一天中最重要的工作。从13点开始，可以午睡半小时，听听喜欢的音乐。14点到17点，又是一大段可自由支配的时间，村上春树有时候会去见朋友，一起聊聊天，吃过晚饭后，从18点开始读书、听音乐，直到21点躺下睡觉。

纵观村上春树的一天，几乎涵盖了以上所有可以缓解压力以及减少压力产生的策略。村上春树高效工作的同时，又能兼顾和平衡生活，常年坚持跑步，保持健康的身心状态。睡前的阅读习惯使村上春树在写作上始终能保持常年稳定的输出。

压力不会凭空产生，与外部环境和每个人的心理、身体以及对压力的感知程度息息相关。为了有效应对和缓解压力，我们可以像村上春树一样，合理规划好自己的时间，优先完成工作，就可以有效避免拖延。余下的时间，可以适当运动，保持身心的积极状态。也可以根据自己的爱好，选择听音乐、阅读，见朋友等，都是非常有效的休闲和缓解压力的方法。

# 压力与压力源

  压力源，又称应激源或紧张源。凡是可以被人们知觉并产生压力反应的事件或内外环境的刺激，都可以称为压力源。

  简言之，压力源就是使人们产生压力反应的情景、活动、刺激、事件。它可以表现为多种不同的属性，可能是生物性的，也可能是精神性的，还有可能是社会环境性的。

  生物性压力源侧重于人的身体。除此之外，生物性压力源还表现在以下这些方面：人们一旦处于饥饿状态，或是身体营养不良，就会影响身体机能；睡眠障碍和噪声干扰也算，人们一旦无法得到充足的休息，长此以往，就会导致注意力下降，精神难以集中，影响正常的工作状态和工作效率；噪声也会给人带来很大的心理压力，它会影响人们的入睡，影响人们的日常工作和生活，导致心理压力的产生；极端的气温变化，也会给人带来压力，当人们感觉到环境过于寒冷，或者过于闷热，会产生身体上的不适，并影响到心情和状态。生物性压力源包括但不限于以上几种，不再一一列举。在日常生活中，我们需要注意管理这些压力源，让自己的身体和心理处于健康的状态。

精神性压力源，顾名思义主要作用于人的精神需求，它是可以直接阻碍和破坏个体正常精神需求的内在和外在事件。

有一名男孩，在儿童时期经历了父母离异，后跟随父亲生活，父亲在酗酒后，经常对男孩拳脚相加，男孩在家庭暴力中长大。因为从小生活在缺爱的环境中，这种不良的经历使男孩长大后很难信任他人，无法处理人际关系问题，更没有办法与他人建立起朋友、恋人等亲密关系。男孩时常倍感孤独和无助。

这个男孩的故事说明，精神性压力源可能源于个体的不良经验，它会对人的心理状态和认知造成很深远的影响，所以一定要及时干预。

除了个体的不良经验，精神性压力源还可能来自不良的认知。比如，人们往往过高地估计自己的能力、颜值等，一旦感到现实情况和自己预想的有较大的偏差，就会陷入自我怀疑，觉得自己不够好，进而在心理上产生难以承受的压力。道德冲突也是精神性压力源之一。有时候，人们在工作中会被迫做出虽然不违背法律法规，但有违道德和原则的行为，从而产生自责、愧疚等心理。还有一些不良个性心理特点，比如容易嫉妒、多疑、易怒等，都会导致人际关系紧张并给自己带来压力。

社会环境性压力源会对个体社会需求造成直接的阻碍或破坏。比如重大社会变革，长期的家庭冲突，战争、被监禁等，都是由外部或他人产生的社会环境性压力源。还有一种是由个体自身产生的社会环境性压力源，比如因精神障碍、传染病、社恐等原因产生的人际交往问题。类似的情形很多，往往需要付出很大努力才能适应，在此过程中会使人感到紧张和刺激，这些使人感到紧张和刺激的因素都可以看作压力源。

当下社会，压力的来源和表现形式多种多样。所以我们一定要学会管理压力源，避免因长期处于压力状态中，影响自己的身心健康。那么，我们具体应该如何管理压力源呢？可以参照以下几条策略。

## 一、识别压力源

消灭敌人的第一步，是找出敌人。不妨拿出纸和笔，列出生活和工作中出现的所有压力源。说到这里，如果你还是感到茫然，可以尝试从以下几方面入手，即经济问题、工作、家庭、人际关系等。这些都是较为常见的压力源。

## 二、制定管理方案

识别出压力源后，接下来的重点，就是制定关于压力源的管理方案。不同的压力源有不同的应对措施，所以制定关于压力源的管理方案时一定要有针对性，针对每个压力源，制定具体、可操作的管理方案。具体而言，管理方案可以包括以下几个方面：

（1）改变思维方式。山重水复疑无路时，或许换一种思路，就会柳暗花明。很多时候，我们只需改变思维方式，就可以更好地解决问题和应对压力。

（2）学会积极分享。遇到困难和压力时，要与他人积极沟通，一方面是为了寻求建议，另一方面是用倾诉的方式缓解自己内心的压力。

鲁迅先生曾说：人类的悲欢并不相通。虽然有一定道理，究其根源，大抵是因为把自己的悲欢分享给了毫不关心的人。陌生人之间的世界，确实如此。很多人会在潜意识中认为，别人并不关心自己，因而关上了心门，很少向外界诉说自己工作上的压力和生活中的烦恼，尤其是一些男性，甚至会将倾诉压力看作是弱者的行为。一定要转变这种观念。

当你把一份快乐，分享给对的人，就会变成两份快乐。而把压力分享给对的人，压力就会减半甚至消失。所以当你犹豫要不要把压力分享给别人时，不妨这样想：若是对方既能提供情绪价值，又能给出合理的建议呢？

（3）想要做好压力管理，还应养成健康的生活习惯。健康的生活习惯，主要包括健康的饮食习惯、充足的睡眠、适度的运动，这些都有助于缓解压力。值得注意的是，一定不要通过酒精等不良的方式来缓解压力。


## 三、设定优先级

优先处理重要的工作和事项——学会这一点并养成这样的行为习惯非常重要。或许你还会惊喜地发现，自己的拖延症不治而愈了。


## 四、保持乐观的心态

一个心态乐观的人，无疑可以更好地应对压力和解决问题。

世间的真理，有时候就是知易行难。理解很容易，落实到行动上，乃至融入自己的骨子里，却非常难。正如此刻，如果你翻过这一页，就忘记了自己读过的内容，那你不会有任何收获，此时的阅读产生的是"负价值"，只是白白消耗了一段时间、精力而已。

如果你此刻已经拿出了纸笔，准备列出自己工作和生活中面对的压力源，并按照文中的策略进行应对，那你已经迈出了成功的第一步。坚持做下去，一定会缓解压力，提高工作效率，变成更优秀的自己。

# 没有压力就没有动力

"没有压力就没有动力",这似乎是一句耳熟能详的老生常谈。可是你真的见识过高压之下产生的奇迹吗?

美国麻省理工学院曾对南瓜做过一项著名的压力测验:用铁丝做成罩子,把南瓜包裹其中。植物学家在实验之前断定:南瓜能够承受大约 500 磅的压力,一旦压力值达 500 磅左右,南瓜只有两种结局:停止生长,或者自爆。然而,当压力值突破 500 磅的时候,南瓜既没有停止生长,也没有自爆,它似乎要奋力把铁罩撑开。

接下来,压力值逐渐达到了惊人的 1000 磅……1500 磅……2000 磅,日夜看守的研究者惊讶地发现,铁罩眼看就要被撑破了。

于是，研究者做了一个更坚固的铁罩，而南瓜仍试图撑破铁罩。研究者又先后两次对铁罩进行加固，才终于令南瓜自爆。此时，压力值已经达到 5000 磅。南瓜在压力之下，爆发出了惊人的力量。

研究人员挖开南瓜赖以生长的泥土，发现南瓜为了吸收充足的养分，突破铁圈的禁锢，它的根须已延伸到了数万英尺，几乎蔓延了整个花园。

南瓜原本只会长成一个普通南瓜，在压力之下，却爆发出如此惊人的能量！这个真实的故事，生动阐述了"没有压力就没有动力"这一真理。这一点不仅在植物的世界得到了证实，在动物世界、人类社会也是颠扑不破的真理。

秘鲁动物园里有一只美洲虎，为了保护这只美洲虎，人们模拟大自然的环境为它建造了虎园，虎园里不仅有山水林木，还有牛羊、兔子等小动物。然而，这只美洲虎每日慵懒地躺在虎房里，只吃管理员送来的肉，吃饱了就睡大觉。

起初，人们以为这只美洲虎是因为没有爱情，所以才没有活力，于是从国外租来一只雌虎陪伴它。但美洲虎也只是偶尔陪"女朋友"散散步，很快又会回到虎房里睡觉。在一位动物学家建议下，动物园的管理人员在虎园里放了三只豺狗。

从此以后，美洲虎一改之前的慵懒，有时会站在山顶长啸，颇有森林之王的雄风，有时又会冲下山来巡逻，将豺狗追得满园跑。

原来，管理人员之前在虎园里放的牛羊、兔子等动物，对美洲虎没有任何威胁，所以它每天睡大觉。而豺狗的到来，使美洲虎感受到了来自环境的压力，使它精神倍增，仿佛换了一只美洲虎。

有些人在工作中之所以感到没有干劲儿和热情，大抵是感觉环境比较安逸，像美洲虎一样感受不到丝毫的竞争和压力。

在现实生活中，完全没有压力的工作和工作环境，是不存在的。如果一个人感觉不到工作压力，大抵是因为心态好，天生比较乐观，对自己要求也不高；也可能是自身具备更丰富的经验，或者是更高的技能，与领导、同事的关系也比较和谐。以上原因都会让人感觉工作起来很轻松，似乎没什么压力。

即便事实真的如此，从长远来看，也未必是一件好事。就像前文提到的美洲虎，如果管理人员没有在虎园里放入三只豺狗，美洲虎最后会怎样呢？他会一直生活在安逸的、自由自在的环境中，每天吃饱喝足之后，就躺下来睡大觉，这样的"退休生活"重复几年之后，因为缺乏足够的运动量，美洲虎的动作可能会变得迟缓。根据"用进废退"的原理，美洲虎的猎杀经验和技能可能会退化。这时候，如果管理人员再在虎园里放入豹子、豺狗、狮子等动物，面对眼前的敌人和竞争对手，美洲虎可能已经有心无力了。

所以没有压力就没有动力。压力可以激发挑战欲，可以激发潜能和创造力，让人在职场中有更好的表现，是职场长远发展和事业成功的重要因素之一。

如果你在工作中感受不到压力，这未必是一件好事，但也未必是一件坏事。主要取决于每个人的想法、做法。如果你因此得过且过、不思进取，几年之后，就会发现你的工作效率和职场价值都在不断降低。如果你居安思危、未雨绸缪，在没有压力的前提下，仍然坚持不断提升自己，工作之余努力学习新知识、新技能，会发现自己的工作效率越来越高。如果有一天面临主动或被动离职，你也会有充足的底气。

如果你的工作刚好存在一定程度的压力。你应该感到幸运，并相信压力会让你变得更优秀。当你能够抱着这样的想法，对此坚信不疑，那你一定能成功应对压力，提高工作效率，让自己的工作能力和财富同时增长。

因为"你相信什么就会看到什么"。你视压力为朋友，它将在相伴而行的同时，不断助你提升；你视压力为大敌，它也会伤你至深。曾有人做过专门的研究，对 3 万名对压力持不同态度的成年人进行追踪。8 年后发现，那些持有压力有害论的人比积极乐观的人的死亡风险更高。

所以面对工作中的压力，我们完全没有必要过于焦虑、担忧。有些人习惯在压力面前退缩和逃避，其实未必是自身能力不济，而是低估了自己的抗压能力。当你选择迎难而上直面压力的时候，会发现自己远比想象中的更强大，更优秀。

压力对于个人在工作中的表现，以及工作效率和工作能力的提高非常重要，甚至可以看作是必备的前提和基础。

有了压力，人才会更有动力。但压力和动力之间，并不总是存在正相关的状态，二者之间的关系是复杂的，存在一种微妙的平衡。

简言之，适度的压力可以增强人的动力，使人们在日常生活中更有积极性，在工作中更具表现力和主动性。但是，一旦压力过高，超过了个体的心理承受能力，就会适得其反，甚至会严重影响身心健康。很多人在面对过度的压力时，会产生焦虑、抑郁、睡眠障碍等问题，甚至生出逃避和退缩的想法。这样一来，压力不仅没有转化为动力，还引发了新的问题。所以压力要适度，才能起到积极的效果，提高工作效率和工作能力的同时，让自己的财富倍增。

# 用压力为工作赋能

当你感觉"压力山大"时，是否想过压力还可以为己所用呢？既然压力可以让一颗普通的南瓜变得不普通，让一只美洲虎重新焕发活力，充满战斗力，那它也可以让默默无闻的你变得不平凡起来，让你成为更优秀的人。

事实上，我们完全可以用压力为工作赋能，从而发挥更大的潜力和创造力，在有效应对和消解压力的同时，提高工作效率，实现财富倍增。那么，如何用压力为工作赋能呢？如果你是一名普通员工，可以参考以下策略。

## 一、直面压力，迎接挑战

压力是人生的常态。无论你从事什么工作，都会存在不同程度的压力。所以我们首先要正视压力，允许压力的存在。这样就不会在面对压力时产生逃避和退缩的心理。同时也应充分认识到，压力不会凭空消失，只有在个体与之对抗的过程中才能被逐渐消解。所以当压力来临的时候，我们要直面压力，迎接挑战。对于职场人士，将工作压力转化为动力是一项非常重要的能力。

为了在与压力对抗的过程中取胜，首先要明确自己的目标和期望，以及当前工作的详细要求。这样可以帮助我们更好地发挥主观能动性。

## 二、学会分解任务

职场中，往往会有一些突如其来的挑战。比如，忽然接到一项艰巨的工作任务，或者自己从未涉足过的工作内容，完全不了解相关技能和流程。在这种情况下，有些人会本能地生出"我不行""我不会""我做不了"的想法，想要推辞和拒绝复杂且有难度的工作。

其实，有些工作虽然看起来很难完成，但我们只要制订详细的工作计划，并合理安排时间，将大任务分解成一个个小目标，逐一去攻克和完成，就可以很好地应对压力，做好工作，在领导和同事的心目中，成为一个效率高且能力很强的人。

## 三、提升自己应对压力的能力

无论我们身处职场，还是自己打拼创业，压力都是一个如影随形的老朋友，它会改换不同的形式存在，但不会消失。所以我们要不断提高自己应对压力的能力，学习新知识和技能，不断提升自己的工作能力，以更好地应对压力。同时，还应培养强大的心理素质，让自己的内心具备更强的承受能力。

如果你是一名管理者，也可以用压力为下属赋能，通过适当施加压力的方式，让下属更有动力和积极性。

## 一、设立目标，明确任务

《爱丽丝漫游奇境记》中有这样一段对话：

爱丽丝问猫："请你告诉我，我该走哪条路？"

"那要看你想去哪里？"猫说。

"去哪儿无所谓。"爱丽丝说。

"那么走哪条路也就无所谓了。"猫说。

作为一名管理者，一定要给下属设立明确具体的工作目标。这里的目标就是猫追问的目的地。因为没有明确的目标，爱丽丝不知道该走哪条路。

在职场中也是如此，如果下属不能明确自己的工作目标和即将要完成的任务，他们就不知道如何展开工作，应该做哪些事。

目标虽然很重要，但不是定得越高越好，一定要结合实际情况。有些管理者本着"求其上而得其中"的原则，力求将目标定得更高些。如此一来，下属即使只能完成80%，也会有一个很可观的结果。

但这往往只是管理者一厢情愿的想法。一旦员工觉得目标过高，自己无论如何也难以完成时，面对这样的压力，极少有人会使尽浑身解数、想尽办法去达成目标，而是在心里默默放弃了目标。

所以管理者一定要结合实际情况和下属的能力，制定合理的目标。可以略高于下属的能力，是他们多付出一些努力就可以够得到的。这样的目标才会让员工更有动力和积极性。

## 二、给强者以挑战

对于个别工作能力强，且喜欢挑战的员工，要多给他们提供机会，让其承担更多的责任和更高难度的工作。如此一来，下属会有更受器重的感觉，从而更好地激发自身的潜力和创造力。

## 三、强化竞争氛围

管理学中有一个有趣的定律，叫"鲶鱼效应"。这一定律来自真实的生活经验。

挪威人很喜欢吃沙丁鱼，渔民每次在海上捕获沙丁鱼后，如果能让鱼活着抵港，就能卖出好价钱。然而，很多渔民捕捞到的沙丁鱼还没到码头就死了，即使有部分存活，也是奄奄一息的状态。但是有一位渔民每次捕捉的沙丁鱼总是活蹦乱跳，所以总是能卖出高价。人们百思不得其解。后来，其他渔民通过细心观察，终于发现了其中的奥秘，原来是这个渔民在鱼槽里多放了几条鲶鱼。鲶鱼的入侵，使沙丁鱼异常紧张，原本懒于游动的沙丁鱼开始四处游动，最终活着回到了港口。

这种在内部制造竞争的方法，也非常适合运用到管理中，以激发下属的动力和斗志，促使下属提高工作效率，有更好的工作表现和业绩表现。

## 四、及时认可，适时反馈

对于下属在工作中取得的阶段性成绩，要及时给予认可，除了口头上的肯定，最好能通过红包、奖金等方式使员工得到物质上的奖励，使下属和团队其他成员看到努力工作的价值，他们才会更有动力，并更努力地工作。

此外，适时反馈也很重要。虽然下属在收到负面反馈的时候，内心会感受到压力，但负面反馈可以让下属及时了解到自己在工作中的不足，以及有哪些需要提升的地方。反馈一定要真诚，让下属感受到领导对自己的诚意和重视，从而更虚心地接受建议并改进工作。反馈的内容一定要具体、明确，让下属清晰地看到自己有哪方面的不足，而不是听领导讲了一大通之后，一头雾水，不知从何做起。

## 五、充分尊重下属，变相施加压力

马斯洛认为，人是有"尊重需求"的，当这一需求得到满足时，人们会对自己充满信心，对社会满腔热情，感受到自身的价值。在工作中，作为一名管理者，一定要充分尊重下属，当你满足了下属内心深处需要被尊重、被认可的需求后，也等于是变相向下属施加了压力，下属会努力表现得更优秀，以不辜负领导的期望。

战国时期，战神吴起每次打仗时，与士兵吃穿住行，都在一处，都是同样的标准，睡觉不铺席子，行军不用车马，和士兵一起背负干粮。士兵身上长了疮，吴起用嘴替他吮吸。正是吴起这种充分尊重士兵，爱兵如子的精神，使吴起的军队上下一心，士兵奋勇杀敌，将生死置之度外。

水低成海，人低成王。如果你能像吴起一样，不仅没有任何"架子"和"官威"，且能充分满足下属的"尊重需求"，下属会因你而更优秀。即使没有过多的物质激励，下属也会努力工作，当公司遇到困境和危机时，他们甚至愿意和你同甘共苦，共渡难关。

## 六、营造良好的工作氛围，消减无意义的压力

真正让人累的，不是工作本身，而是工作中遇到的人以及工作的环境——很多职场人士都有这样的感受。所以作为管理者，一定要明白，有些压力对工作效率的提高没有任何意义，只会起到负面的作用，比如环境压力，人际关系压力。所以一定要营造一个良好的环境，增强团队和谐氛围和凝聚力，让下属每天保持积极乐观的心态，下属才会更有归属感，更积极努力地工作。同时，在团队内部营造一个公平公正的工作环境也很重要，如果管理者处事不公，偏听偏信，下属就会逐渐失去对工作的热情，甚至辞职离开。

## 七、凡事过犹不及，压力一定要适度

如果你希望通过施加压力的方式，提升下属在工作中的积极性和动力，一定要把握好度，不要一味地盲目施压，应结合下属的工作能力，并充分考虑到下属的心理承受能力，平时多关注员工的状态。一旦压力过高，不仅会影响工作效率，还可能对下属的身心健康造成伤害。

适度的压力可以激发潜能，提高工作效率。过度的压力，轻则让员工失去斗志，放弃目标，或产生离职的念头；重则让员工患上抑郁症、焦虑症。因工作压力大而猝死或作出轻生行为的事件，虽然发生的概率很小，但也要提高警

惕，防患于未然。

　　压力是一把双刃剑。当你能够运用压力提升自己或下属的表现力，从而提高工作效率，创造更多价值和财富，并且不会被压力所伤时，你才算学会了用压力为工作赋能。

第三章

压力管理：

人生最重要的一堂课

# 什么是压力管理

压力管理，即以各种方法和策略来管理和减轻个人或组织在工作和生活中遇到的压力的行为。对于职场中人，压力管理的目的是减轻压力的负面影响，如焦虑、抑郁、恐慌等，保持良好的身心健康状态。在此基础上，尽量发挥压力的积极、正面作用，使其为我所用，提高工作效率，为个人和组织创造更多财富。

压力管理是一门非常实用的技能，国内外研究压力管理的专家有很多。美国著名压力管理专家伊夫·阿达姆松在自己的相关著作中不仅全面探讨了压力的含义、类型、起因、表现、症状，更总结出多种有效的减压、解压的方法。匈牙利内分泌学家汉斯·塞利将压力的概念引入科学研究领域，并进行了深入细致的研究，内容包括压力的本质，以及如何应对压力。汉斯·塞利将自己的研究成果汇总，形成了一套完整的压力管理理论。

国内研究压力管理的专家也有很多。综观国内外，对压力管理的研究，似乎是从近现代才开始，其实早在两千多年前，中国人就开始采用行之有效的方法进行压力管理了。古人将这种管理压力的方法称为"心斋法"，《庄子·人世间》中有生动的记载。

一天，颜回向孔子请教养生的方法，问孔子"心斋"这两个字作何解释？孔子说，心斋讲的就是守静的功夫，也就是静下心来，不要胡思乱想，把心里的念头集中在一处，然后采用"听"字诀。值得注意的是，这里的听绝不是用耳朵听，而是用心听。

听起来很高深。事实上，用心听也只是浅层功夫。孔子认为，更深层次的功夫，不是用心听，而是用气听，使"神"和"气"合二为一。这时，心和耳都不起作用了。人已经达到了物我两忘的境界，身心彻底放松下来，就是所谓的"心斋"了。

孔子所说的心斋法，在两千多年后的今天，仍有很高的应用价值。

现实生活中，人人都会有压力大的时候，不妨尝试心斋之法。初学者可以循序渐进，先闭上眼睛，减少视觉对我们的干扰，这时可以用耳朵静静地听，但注意力要放在自己的呼吸上，用心感受每一次吸气和呼气，也可以"一呼一忘"，即只关注呼气，忽略吸气。在此过程中，心中的杂念会慢慢地排除……如果大脑中仍有一些纷杂的念头，也不必着急，大脑的清空需要一个过程。此时，要让自己躁动的心慢慢静下来，杂念才会逐渐消散。

我国最早的医学典籍《黄帝内经》中也有相似的论述："夫上古圣人之教下也，皆谓之虚邪贼风，避之有时，恬淡虚无，真气从之，精神内守，病安从来。是以志闲而少欲，心安而不惧，形劳而不倦，气从以顺，各从其欲，皆得所愿。"也就是所谓的养生之道，不仅要避开虚邪贼风等致病因素，还要使内心清净安闲，排除杂念妄想，以使真气顺畅，精神守持于内，情绪安定而没有焦虑。

通过心斋之法，便可抵达古人所说的这种"恬淡虚无"之境，使精神内守，真气顺畅，自然就会身心健康。

从现代医学的角度，心斋之法可以促进人体各种生理变化，改善心率和交感神经活动紧张度等，从而使身心放松下来，达到有效缓解压力的目的。

如今，这种方法也被称为"松弛疗法"，在印度又被称为"冥想"，被印度人视为不药而愈的智慧。在古老的印度文化信仰和印度文献中，莲花被视为光明和智慧的源泉。因而，在冥想中，人们可以将自己想象成一朵莲花，以此排除杂念，净化心灵。

——无论有多少种形式和称谓，其背后的原理都是相通的，都是为了达到虚空忘我之境，烦恼和压力自然也就随之消除了。

对于"压力管理"这一词汇，很多人或许会感到生疏，然而，从古代到现代，从国外到国内，人们都不约而同地采用了同一种行之有效的方式。

当然，压力管理的方法并不局限于这一种。如今，随着相关理论体系的不断完善，人们逐渐发现和总结了多种多样的压力管理方法。

压力管理学说的出现和发展，是社会发展的必然结果。当代社会，随着生活节奏和工作节奏的不断加快，人们的压力越来越大，工作压力对身心健康的影响也越发受到人们的重视，压力管理这一理念也被应用到诸多领域中。尤其是在企业管理中。

如今，企业员工面临的工作压力问题越来越突出，不时发生员工因工作压力大而患上抑郁症，甚至轻生的事件。为了有效应对和解决这一问题，企业越来越重视压力管理理念的引入，希望通过多种方式减轻员工的压力，比如，提供良好的工作环境，不定期为员工提供培训以提升员工的工作能力，或者完善企业文化，组织各种休闲活动等。这些举措都可以帮助员工缓解压力，提高工作效率。

压力管理对于个人而言，也有着非常重要的意义。因为无论在工作中还是在生活中，每个人都不可避免地会面临不同程度的压力，所以压力管理也越发受到人们的重视。工作之余，很多人热衷于学习和应用一些压力管理方面的技巧和方法，如放松训练、冥想或运动等，来缓解内心的焦虑和压力，让自己以更积极健康的状态投入工作。

除了企业和个人，压力管理也被应用在心理咨询领域，成为心理咨询师的重要技能之一，心理咨询师常常用相关理论和方法，帮助来访者调整心态，减轻压力。

简言之，压力管理已经在社会范围内获得了较广泛的应用，越来越多的人认识到了压力管理的价值：不仅可以保持身心健康，还可以提高工作效率，创造更多财富。然而，压力管理并非一朝一夕可以掌握，需要详细了解和学习相关方法、技巧，才能使这一理论真正为己所用。

# 人人都应该学会压力管理

压力无处不在。如果一个人无法应对压力和挑战，其身心健康很可能会受到伤害。如果一个人能很好地应对这种压力和挑战，压力就会起到积极的、正向的作用，推动他的事业和人生走向成功。

每个人都有压力，为了更好地应对压力，迎接挑战，最终实现工作效率和财富倍增，压力管理将会是我们人生中的一堂必修课。

所谓压力管理，就是采用各种方法减缓个体面临的压力，并将消极性压力转化为积极性压力，从而保持高效生产力和良好的身心健康状态。对于职场人士而言，想要做好压力管理，可以从以下几方面着手。

## 一、明确人生目标，提升工作能力

规划好自己的职业发展方向非常重要。应尽早明确自己擅长什么，喜欢什么，制定与之相应的目标和职业规划。人生所有的努力都应基于这一前提。

在行业知识和技术快速更新迭代的当下，一定要不断学习新知识、新技能，多参加培训、行业会议等。工作之余，也可以看一些专业书籍或线上课，通过自学不断积淀和拓宽自己的知识面，提升自己的技能。

在工作中，也可以化被动为主动，积极寻找挑战和机会。一方面可以检验自己的学习成果，另一方面，还可以增加工作经验，锻炼自己的技能。须知学习不是目的，应用才能形成闭环。

当你不断朝着一个正确的方向，专注于个人成长和提升，你的工作效率和职场价值自然也会越来越高。

## 二、提升抗压能力

想要做好压力管理，一定要提升自己的抗压能力。从根源上解决问题，胜过任何方法和技巧。

强大的抗压能力有多重要呢？工作和生活中不乏这样的人：明明有过硬的技术，过人的才华，或者在某一方面有着远超身边人的能力，但由于抗压能力差，容易放弃和退缩，无法取得长足的进步，最终只能看着那些天赋和基础都比自己差的人慢慢走到了自己前面。

还有一些抗压能力差的人，他们不敢迎接和面对挑战，因为他们担心失败，担心丢脸，担心不可预知的一切。他们选择一条自认为最安全稳妥的路，缩在自己的世界里，错过了精彩的人生和远方曼妙的风景。

抗压能力强的人，有时候可以抓住原本不属于自己的机会。而抗压能力差的人，常常错过原本属于自己的机会，只能默默看着别人在舞台上大放异彩，没有人知道他们身怀绝技和能力超群。

所以一定要不断提升自己的抗压能力，因为人生无论做什么事，都难免会遇到压力和困难。唯有拥有强大的内心，才能承受住来自四面八方的压力。当今时代，抗压能力是职场发展和事业成功的关键。那么，如何提升抗压能力，做好压力管理呢？

（1）要降低期望值。这里所说的降低期望值，包括降低他人对自己的期望值，以及降低自己对自己的期望值。该低调的时候要低调，不要轻易向外界释放"我很强""我很厉害"的信号，一旦别人接收了这样的信号，便在无形中拉高了对自己的期望值，成功成了理应如此，失败则会让自己在他人心中留下外强中干，只会说大话，华而不实的印象。如此一来，没有了退路和余地，在做事之前，自己就会感到很大的心理压力，甚至影响工作的正常开展和自己的发挥。

同时，也要降低自己对自己的期望值，不要有完美主义的强迫症倾向，要建立和自己的能力相匹配的目标，避免过高的要求和目标给自己带来过大的心理压力。

人非圣贤，谁能永远不出错呢？要允许自己表现得不够完美，或出现一些微小的失误。所有的成功人士都是在不断试错的过程中，不断汲取经验，才最终看起来游刃有余，毫不费力——抱着这样的想法，就为自己建设了一个良好的基础心态。

（2）还应建立外界的支持系统。在做事之前，要多向领导、同事，或家人朋友寻求建议，与他们分享自己即将面对的困难和挑战，根据大家的建议制订可行的计划，做好充分的准备。

事后也要积极搜集反馈信息，看看在大家眼中自己还有哪些值得提升和改进的地方，然后结合大家的建议和自己的感受复盘调整。所以当我们要应对一项挑战的时候，不妨把它当作一个略带刺激感的小游戏，一次积累经验的机会，这样在心态上就会放松很多。

### 三、提升自己的情绪调节能力

说到这里，如果你还是感到焦虑、紧张，心理压力很大，那么，你可以在上述基础之上，尝试提升自己的情绪调节能力。

人们在应对不同状况时，会自然流露出不同的情绪。不要认为人只有出现开心、平稳的积极情绪才是正常的，出现焦虑、害怕等消极情绪就是不正常的；要认识到无论出现何种情绪都是合理的，要允许它们的出现，接纳它们的存在。如果这些消极的情绪没有达到影响我们的行为的程度，则无须理会，它们会在不知不觉间自然地消解；反之，如果这些消极的情绪使我们感受到空前的压力，严重影响我们的行为，则需要使用一些积极的情绪管理技巧，以平复情绪，缓解压力。

分散注意力是非常有效的减压方式。当我们在工作中遇到压力和挑战，情绪低落、沮丧时，不妨暂时放下手上的工作，如果条件允许，可以离开工作岗位，到室外散散步，呼吸一下新鲜空气，或者听听音乐。总之，不要让自己长时间沉浸在负面情绪中。这种分散注意力的方式可以有效缓解当下的负面情绪。

积极的心理暗示也很重要。它可以帮助我们看到事物好的一面，从而让自己的情绪也变得积极起来。所以凡事要多往好处想，尽量不要让脑海中出现负面情绪和消极念头。

有这样一个真实的故事：阿联酋一家公司对植物做了一个实验，实验者选了两株品相差不多的植物盆栽，套上透明罩子，放在 GEMS

校园里。两株植物盆栽每天施一样的肥，浇一样的水，晒太阳也是一起。唯一不同的是，左边的植物承受的是消极的语言和心理暗示，诸如"你长得一点都不绿！""看到你就影响我的好心情。""这株植物看起来像垃圾，它还没死吗？"右边的植物则每天受到人们的褒奖和赞美，"你看起来真是太棒了，我喜欢你做自己的样子。""一见你我就感觉生命是如此美妙！""你是上帝赐予人类的礼物！"如此重复了30天，人们惊讶地发现，那株不断承受语言暴力的植物慢慢枯萎了，而那株一直被赞美的植物则越发长势喜人。

相比植物，人更容易接受语言和心理暗示。所以面对工作压力和负面情绪的困扰，一定要多想想事物积极的一面，在内心多鼓励自己，及时改变自己的不良情绪，才能管理好压力，从而提高工作效率。

# 戒掉内耗和"玻璃心"

董明珠曾说：在职场上，最影响工作效率的事情，不是刷手机，也不是聊天，而是"玻璃心"。

对于职场中人，"玻璃心"确实是一个很严重但又容易被忽略的障碍。它容易使人长时间受困于负面情绪，不知不觉间，消耗了大量的时间、精力，严重影响工作效率和工作状态，另外，它还会严重阻碍人们的职场发展和进步。想要做好压力管理，一定要戒掉内耗和"玻璃心"。

俄国大文豪契诃夫曾经写过一篇名为《小公务员之死》的短篇小说：一位小公务员在剧院看戏时，不小心打了个喷嚏，溅到了坐在前面的一位将军身上。这位将军虽然不是小公务员的直接上司，但小公务员仍然十分惶恐，连忙向将军道歉。将军摆摆手，表示没关系。但小公务员仍然惴惴不安，休息时，再次向将军道歉，将军表示自己早已忘了这回事，让小公务员不要说个没完。小公务员捕捉到将军眼里的不悦，以为他还没有原谅自己，晚上回到家里后，和妻子商量一番，决定第二天到将军府上再次郑重道歉。第二天，将军在听了小公务员的来意和道歉后，变得更加不耐烦，这使小公务员更坚信自己冒犯了将军，于是频繁向将军道歉，表示自己真的是无心之失。将军怒不可遏，让小公务员立即滚出自己的府邸。小公务员吓得一句话也不敢说，大脑一片空白，默默退了出去。回到家后，小公务员躺在沙发上，竟然死去了。

原本只是一件小事，将军也并未放在心上，但小公务员却"压力山大"，深陷于焦虑、恐慌、自责……最后自己把自己吓死了。这名小公务员就是一个典型的严重内耗和"玻璃心"的人。

这是通俗的叫法，在心理学上，有一个专业的名词叫"高敏感综合征"，具备这种人格特征的人并不少，占总人口的 15%～20%。当然，大部分人的情况并未严重到小公务员的程度，小说毕竟有艺术化的夸张成分。

在现实生活中，这种高度敏感的人在受到轻微的刺激后，会在内心对其进行夸大和加工，或许别人只是不经意间的一句话、一个眼神、一个动作，就会使他们在夜里辗转反侧，患得患失。

其实，我们完全不需要想这么多。有一句话说："真正击垮人的，从来不是事实，而是你头脑里的灾难化想法。"这句话不仅适用于契诃夫笔下的小公务员，也适用于所有"玻璃心"的人。

事实上，有些内耗严重和"玻璃心"的人，是知道自己存在这一特质的，却不知道如何改变自己。改变并不难，不妨参考以下策略。

## 一、拒绝反刍思维

"反刍"的本义是指牛羊等食草性动物进食一段时间后，将半消化的食物从胃里返回嘴里，再次细细咀嚼的现象。后来人们将这一现象引申到心理学领域，指个体在遭遇了消极事件后，对这一经历念念不忘，就像祥林嫂一样，不断诉说和回忆自己的苦难。

无论发生了什么，要让过去的事情成为过去。对于曾经犯下的错误、留下的遗憾，我们固然需要从中吸取经验教训，但不要过度反刍和胡思乱想。因为这只会白白消耗我们的时间、精力，影响我们的工作效率，并不会产生任何正向的价值。苦难只发生了一次，但是当你像祥林嫂一样不断反刍和回忆的时候，等于被苦难伤害了无数次。

现实生活中，很多人并未经历如祥林嫂一般的苦难，他们的烦恼都是一些微小的事情。比如，感觉自己今天上班时说错了一句话，一直为此懊悔不已；认为自己开会时的表现不够好，觉得当时所有人都在关注自己，而且会永远记住自己今天的不良表现。

真实情况是，大家都是普通人，你也并没有那么多的观众，即使上一刻的表现确实不够好，也不必放在心上，因为别人未必会注意到，更未必在脑海里留下长期且深刻的印象，而且别人对我们的认知是动态调整的，所以更重要的是现在和未来的表现。正如冯唐所说："我不多想了，就幸福了。换言之，幸福就是不多想。"我们完全没有必要想太多。才能将更多的时间精力放在有意义、有产出的事情上，放在重要的工作上。

## 二、披上"钝感力"的铠甲

钝感力是职场人士的铠甲，若有它护体，就没了软肋。可以说，钝感力是人在职场立足和长远发展的关键因素。

小安毕业后，到一家公司做销售工作。对于人生中的第一份工作，年轻的小安充满热情，干劲十足，每天早来晚走，几乎把所有心思都放在了工作上。领导看在眼里，自然也对小安非常看重，觉得小安是同一批进入公司的员工里最优秀的一个，打算试用期结束后就提拔为主管。因此，领导开会、见客户时，经常把小安带在身边，希望小安能更快地增长经验和见识。

一次，小安随领导去见客户，事先已经准备好了产品资料，却忘了带上，现场给客户留下了很不好的印象。为此，领导当着公司所有人的面批评了小安。小安非常羞愧自责，深感自己辜负了领导的期望，并且主观地认为领导已经不再像以前一样器重和喜欢自己了。一连几天，小安上班时都陷于负面情绪的泥淖，而无心工作。最终，小安向公司提出了辞职，无论领导和同事如何挽留，小安还是执意离开了公司。一个月后，另一名原本不如小安优秀的同事得以转正并升职，而小安还在不断投简历、面试，就这样错过了原本属于自己的机会。

其实，事态并没有小安想的那么严重。对于职场的本质，杨天真曾一语道破："雇佣关系的基础是相互需要，不是互相喜欢。"作为职场新人，小安难免会犯错，但她的职场价值不会因为一次失误而被全盘否定，只要努力工作，争取更好的表现，领导也很快会忘记小安的无心之失。

《钝感力》的作者渡边淳一说："我对别人的评价和嘲讽没那么敏感，我只关心我自己进步了没有。"这段话非常适合"玻璃心"和内耗严重的职场人士。面对职场中经历的负面事件，我们要学会转移自己的关注点，把注意力更多地放在自我提升和成长上，多问问自己收获了什么？可以从中汲取哪些经验？今后如何避免犯同样的错误？如此，才能更好地应对负面情绪，做好压力管理，并不断提高工作效率。

## 三、不要随意进入别人的价值评判体系

很多人之所以严重内耗和"玻璃心"，就是因为过于在意他人的眼光和评价，尤其是领导和同事等身边人的看法，一旦感觉到同事对自己不满意，或者被领导批评，内核不够稳定的"玻璃心"人的内心，就很容易被动摇。

世界本就是多元的。每个人的价值观、思维，以及人生阅历都不一样。即使是面对同一件事，大家也会有不同的看法。为此，我们要做好这三件事：① 要尊重他人的价值观；② 明白自己不能或很难改变别人的看法；③ 不要随意进入别人的价值评判体系。当我们收到外界的负面反馈和评判时，不妨反过来想想：他说的是对的吗？他为什么会这样想？须知一个人对一件事情的评价和看法，一定与自己的价值观、思维或利益、立场相关。懂得了这一点，你就会明白他这样说的原因和目的。

也许他说的是对的，也许他只说对了一部分，或者完全不对。无论事实如何，更重要的是，我们要拥有强大的内心和足够的自信，培养独立思考的能

力，建立自己的价值评判体系。这样就不会时常被他人的看法和评价左右我们的情绪。

总之，想要做好压力管理，一定要戒掉内耗和"玻璃心"。只有这样才能保持健康的身心状态，把更多时间精力放在工作上，从而提高工作效率，创造更多财富。

# 改变主观压力，应对客观压力

　　想要做好压力管理，一定要分清什么是主观压力，什么是客观压力。主观压力主要来源于个体自身的价值观、对自我的要求，以及对外界或刺激事件的看法、态度等，它是由个体自身的特质所带来的压力；客观压力则是由社会环境或物质状况等外在因素对个体造成的压力，客观压力通常是显而易见的、具体的，比如环境压力、经济压力，其不仅影响到个体的思想和状态，并且逼迫个体做出行动或改变，对人的正常工作和生活具有很强的干涉性。主观压力和客观压力可能单独存在，也可能同时存在。有时候它们还会相互作用和影响。

　　客观压力的产生通常与环境相关，比如自然环境和社会环境的不良变化，包括环境污染、噪声、气温过高或过低、人际关系紧张等。某些特定情景也会导致客观压力的产生，如比赛、面试、失业、婚姻危机等，都会使个体感受到不同程度的压力。那么，如何应对客观压力呢？以下是一些常用的策略。

## 一、积极面对压力源，尽可能提前预防

在日常生活和工作中，我们要了解哪些因素能够对自己构成威胁和刺激，也就是识别压力源，然后采取相应措施，尽可能地消除或降低压力源对自身造成的压力。比如，有些人畏寒怕冷，就要尽量做好防寒保暖措施，尽量避免温度过低对自己造成的身体和心理上的不适；还有些人总是担心自己有一天会失业，而经济来源的中断无疑会导致一系列问题接踵而至。为此，我们要提前做好相应准备，平时努力工作，提升工作能力和工作效率，尽量避免被动失业。业余时间可以多学习提升，确保自己在职场的竞争力和价值，将人生的主动权把握在自己手里，才会有更多选择的余地，而不是被动等待危机到来的那一天。

## 二、多听专业人士的建议

当遇到客观压力时，不妨与亲朋好友或同事多交流。每个人看问题的方式不一样，在交流过程中，或许对方能够给出一些合理的建议，抑或使我们得到一些启发、安慰等。如果可以和相关领域的专业人士对话，那再好不过了。一定要耐心听取对方的建议，往往对方三言两语就能为我们指点迷津。

工作中遇到的大部分问题，都是有答案的。因为你遇到的问题，别人也曾经遇到过。所以当你在困难和压力面前无所适从时，一定不要独自消化和面对，可以多向外界探寻，除了请教专业人士，还可以从网络或书籍中寻找答案。

## 三、学习应对技巧，提升抗压能力

在每个人的人生之路上，都会不可避免地遇到各种客观压力，所以学习一

些应对的小技巧非常重要，像"深呼吸"和"肌肉放松"都是非常有效的方法。当你学会这些技巧，并一次又一次在对抗客观压力中有效使用时，你会发现自己的自信心在不断增强，抗压能力也在不断提升。

抗压能力强有多重要呢？前中国女子乒乓球运动员、乒乓球大满贯得主邓亚萍曾说："对于顶尖运动员，打到最后就是看心态，看你的心理素质，大家在技术上其实没有太大的差别。"运动员不仅是为了实现个人的梦想，更背负着国家的期望，甚至受到全世界的关注。其内心的压力之大，是普通人无法想象的。正如邓亚萍所说，随着日复一日的高强度训练，运动员的技术水平会逐渐趋于纯熟和平稳，平时不会有太大的变化，但是到了赛场上，一切就充满了变数。运动员的心理素质和抗压能力会直接影响其技术水平和发挥。抗压能力强的运动员可以平稳地发挥出正常水平，甚至超常发挥。而抗压能力差的运动员，一旦稍处下风，容易越战越慌，频繁出错，最终因心理素质和抗压能力差而输给技术水平与自己不相上下，甚至不如自己的对手。与其说他们在实力上略逊一筹，不如说他们是败于不懂得压力管理，不知道如何有效应对客观压力。

我们大多数人都不是职业运动员，但职场处处都是赛场，所以一定要有很强的抗压能力。那么，抗压能力如何提升呢？相比在书本中学习，更重要的是在实践中成长。工作中，要勇于挑战，并将自己学到的压力管理方法和技巧应用到实践中，同时做好复盘总结。这样，抗压能力会随之不断增强。有一天，出色的压力管理能力会成为你手中看不见的武器，成为职场核心竞争力之一，帮助你提高工作效率，实现财富倍增。

应对客观压力的办法还有很多，诸如做好时间管理，工作之余，保持充分的睡眠和休息等。你可以结合自身情况，选择最适合自己的策略。

有这样一种说法：人除了身体上的疼痛是真实的，其他的痛都是价值观带来的，都是自己想出来的。主观压力也是如此。

职场和生活中的压力五花八门，除了就业压力、升职加薪的压力，还有绩效考核压力、职业发展压力等。每个人面对的压力大同小异，但在压力面前，有的人被激发了斗志，最终逆风翻盘；有的人直接高举双手投降；更有甚者，走上了抑郁、轻生之路。

究其根本，乃是因为人们的思维和心态不同。前者更积极乐观，而后者更消极悲观。

三个石匠一起砸石头。有人问他们在做什么。第一个石匠说："不过是混口饭吃。"第二个石匠说："我要成为最好的石匠。"第三个石匠说："我在建造一座世界上最漂亮的教堂。"这三个心态、思维不同的石匠在遇到困难和压力时，显然也会做出不同的选择：第一个石匠得过且过，只要能拿到养家糊口的工钱即可；第二个石匠会想办法解决问题，因为正是这些经验的累积，使他能更快地"成为最好的石匠"；第三个石匠不仅会积极解决问题，还会力求做到尽善尽美。

对于一个心中有目标、有梦想的人，没有任何困难和压力能阻挡他们前行，即使一时失意，他们也会以"塞翁失马，焉知非福"来安慰和鼓励自己。

而消极悲观者，遇到挑战和压力，往往习惯性地选择退缩和放弃，他们容易自我贬低，时常主观臆断和胡乱猜测。比如上班时听到有人压低声音，说了几句悄悄话，就怀疑别人是在议论自己，或者是对自己有防备心理；在大环境和公司效益不好时，每次上司来找自己都会内心不安，怀疑自己要被裁员了，尽管事实一次又一次证明，只是正常的工作沟通。所以消极悲观者一定要转变自己的心态，才能更好地应对主观压力，做好压力管理。

为此，我们首先要意识到消极思维的存在，当脑海中出现消极念头时，要及时停下来，客观地想想这些想法是否是事实。此外，任何事物都有好的一面和不好的一面，为什么要盯着不好的一面不放呢？不妨多想想好的一面。从长远的角度，事情大概率还是会朝好的方向发展，并且在此过程中，也会收获一些宝贵的经验，并得到成长。

消极的人有一个共性：缺乏自信心，害怕失败和犯错。当挑战和机遇降临时，消极的人会本能地感觉"我不行！"或者"我行吗？"担心犯错和丢脸。面对这种情况，不妨循序渐进，从小事开始做起，渐渐地就可以应对更大的挑战，自信心也会越来越强。不要担心犯错和失败，他们都是成功之路上必不可少的风景。

消极思维的转变，不会一蹴而就，而是一个缓慢的过程。对此，要有充分的耐心，并不断自我调整。当你逐渐变得比以前更积极乐观时，压力和内耗自然就少了。在做好压力管理的同时，你会发现自己身心都轻松了，工作效率也提升了。

第四章

提升压力，获得动力

# 没有压力是好事吗

现代人普遍压力很大，越来越快的生活和工作节奏，让很多人身心俱疲，却不敢停下来休长假，不敢失业，不敢生病……很多人在抱怨压力大的同时，常常在内心憧憬完全没有压力的工作和生活状态，但是没有压力真的是一件好事吗？

有两位船长各自驾驶着船只，想要横渡海峡。忽然，天空布满乌云，两位有经验的船长马上意识到暴风雨就要来了，但他们却作出了截然不同的选择。

第一位船长在经过短暂思考后，命令水手往船上搬石头。第二位船长对第一位船长的做法嗤之以鼻，认为眼下最要紧的是减轻船身的重量，船只才能行驶得更快，并躲过暴风雨，尽快穿过海峡。第二位船长命水手把船上一切没有用的物品都扔了下去，不想船只很快就被风浪打翻了。而第一位船长的船因载重量大，船体作用于海面的压力大，在暴风雨中平稳地渡过了海峡。

所以完全没有压力，未必能让人轻松前行，反而会让人越发经受不起风浪，在残酷的现实和环境面前，不堪一击。

事实上，没有任何压力的职场和工作是不存在的。无论你从事什么工作，无论你身处哪一个行业，都会有一定的压力。工作中的压力的表现形式多种多样，可能来自工作本身，也可能来自领导、同事之间的关系，抑或行业变化、客户需求等。职场压力是无形的，不仅可以表现出多种形式，且压力的大小也是因人而异的。

一些基础工作，比如保安、前台等，看似没什么压力，或压力很小，但事实也并非如此。这些工作虽然对技能没有特别高的要求，工作内容也相对简单、轻松，但是因为收入不高，所以不可避免地会有经济压力。并且这类工作可替代性很强，随着年龄的增长和体力的下降，失业的风险和压力也会越来越大。

与之相对，还有一些可替代性不强，技术含量很高的工作，看起来也很轻松，上班时的状态似乎也比较自由。在一些局外人眼里，这些掌握核心和高端技能的人似乎没有任何压力，因为没有人可以否认他们的重要性，也很难有人可以替代和动摇他们在职场中的位置。他们虽然处于优势地位，但也并非没有压力，或者压力很小。这些人在轻松拿到高薪的同时，也需要保持高度的责任心和对全局的把控能力，在此基础上，出色地完成工作，否则会面临更大的压力。所谓"能力越大，责任越大"，说的正是这样的道理。

所以，压力是职场中的常态，每一名职场人士都会面临不同程度的压力。但有压力并不是一件坏事，所谓"井无压力不出油，人无压力不进步"。适当的压力有助于提高工作效率，让人表现得更出色。

如果一个人整天抱怨工作压力大，甚至面试时主动选择看似更轻松、简单的工作，时间长了就会成为温水里的青蛙，很难在职场取得长足的发展和进步。

美国康奈尔大学曾经做过这样一个实验：工作人员将青蛙投入温度较高的水中时，突如其来的高温刺激使青蛙迅速作出反应，立即跳出热水逃生。但是当工作人员换一种方式，将青蛙放入盛着冷水的容器中，再慢慢加热，结果就完全不一样了。青蛙最初因为感觉水温很舒适，安然地在容器里游来游去，随着水温慢慢升高，青蛙对温度的耐受程度也在不断提高，当感到水温略高时，青蛙也懒于跳出容器和改变现状，直到水温已经升高到一定程度，青蛙想跳出容器，却已经有心无力，最终被煮死在了热水里。

如果一个人总是"躺平"在舒适区，没有任何压力和挑战，时间长了，就会像温水里的青蛙一样，难逃被世界淘汰的命运。因为无论是职场环境还是整个行业的演变，都是渐进式的，就像不断升高的水温，容易让逃避压力、失去斗志者放松警惕。然而，即使环境变化速度再慢，温水迟早有烧开的一天。职场中人不能等到失业或发现自己已经很难找到满意的工作那一天再后悔，感叹自己已经"躺平"太久。

所以我们要正确面对工作中的压力，充分认识到适度的压力是职场的助推器，不仅可以提高工作效率，从长远的角度，还有助于职场发展和事业成功。

职场压力是客观存在的，虽然无法完全消除，但我们可以改变自己对压力的看法。斯坦福大学心理学教授凯利曾经说过这样一句话："最幸福的人并不是没有压力的人。相反，他们是那些压力很大，但能积极看待压力的人。"

所以人们对压力的看法和态度很重要。如果一个人整天抱怨工作压力大，并为此苦恼不已，时间长了，就容易被压力所伤，身心都会出现问题。反之，如果一个人将压力视作工作中的常态，以一颗平常心面对压力，则更容易解决和应对工作中遇到的挑战和问题，从而不断累积经验，提高工作效率和工作能力。

当你感觉工作压力比较大的时候，无须抱怨，更不必退缩。或许，这正是上帝的美意。古人说："天将降大任于斯人也，必先苦其心志，劳其筋骨……"适度的压力是一件好事，它会让我们变得更强大，发挥出更大的潜力，从而更好地实现自己的职场价值和人生梦想，同时也为公司和个人创造更多财富。

# 适当加压，提升内驱力

在职场中，适当的压力可以转化为动力，促使人们有更好的表现，从而提高工作效率，实现财富倍增。可见适当的压力有诸多好处，如果能充分发挥压力的正面和积极作用，助力职场发展，也未尝不是一件好事。然而，即使是同样的工作和环境，每个人感受到的压力的大小也是不一样的。有些职场人士在工作中并没有感受到太大压力，确切地说，是没有明显的短期压力。因为从长远的角度，压力一定是存在的，比如职业发展规划的压力，并且随着年龄的增长，很多基础工作岗位都会面临被淘汰和取代的危机。

很多人之所以没有明显的短期压力，往往是因为这份工作他们已经做了比较长的时间。刚入职时，压力是很明显的，但随着时间的推移，他们几乎已经掌握了工作所需的全部技能，积累了一定的经验，工作已经得心应手、驾轻就熟，完全可以满足公司和领导的要求。同时，他们也早已习惯了公司的环境和企业文化，与领导、同事之间的关系也比较融洽。似乎每天上班都比较轻松，因为工作内容早已失去新鲜感和挑战性，所以内心并没有多大的动力，有些人甚至产生了职业倦怠。

对于这一部分动力不足的职场人士，可以通过适当施加压力的方式来提升动力，促使自己有更好的表现。那么，如何施加压力呢？可以参考以下几个策略。

## 一、设立具有挑战性的目标

在工作中，不妨为自己设定一项具有挑战性的目标。当然，目标不能定得太高，或太难达成，过高的目标容易使人丧失动力。同时，目标也不能定得太低，因为太低的目标完全没有挑战性。目标的难度一定要适中，是自己努力一下，就可以够得到，可以完成的。

关于目标的具体内容和方向，一定要结合自己的工作。比如，你从事销售工作，可以设定为一周拜访多少个客户，或完成多少业绩，抑或用一周的时间读完一本专业书籍。设定好目标后，就有了努力的方向和动力。

值得一提的是，设定目标的同时，最好限定完成时间，避免目标被无限拖延，最终不了了之。同时，有了时间限制，人就会感受到一定的压力和紧迫感，从而提高工作效率，促使自己更快达成目标。

## 二、建立奖惩机制

在制订好目标之后，可以设定相应的奖励和惩罚机制，以督促自己完成目标。每完成一个阶段性小目标或完成整体目标后，可以按自己喜欢的方式，给予自己适当奖励。比如奖励自己一顿大餐或一次旅游。如果没有完成相应目标，则暂时剥夺自己的某一项权利。如此一来，在奖励的加持下，你会更有动力完成目标。在可能会受到惩罚的前提下，你也会感受到完不成目标的压力。此外，还可以选择将自己的目标和奖惩机制告知家人、朋友，相信有了家人和朋友的监督，你会更有动力。

## 三、力求尽善尽美，超预期完成工作

在工作中，可以适当提高对自己的要求。对于领导交代的工作，不是追求"做完"，而是追求做好，甚至做到尽善尽美。比如，在做 PPT 的时候，要力求做到内容版式清晰、精美，确保每一个数据的精准性，所阐述的内容要深入、细致、全面。要把公司和领导的要求看作是最低的工作标准，要提供超预期的惊喜。

1997 年 8 月，海尔派 33 岁的魏小娥前往日本，学习世界上最先进的整体卫浴生产技术。其间，魏小娥发现日本人在设备调试正常后，废品率始终保持在 2%。追求完美的魏小娥问为什么不把合格率提高到 100%。日本人表示，这是不可能的。但魏小娥仍坚信，日本人不是受限于能力，而是桎梏于固有的认知。作为一个海尔人，魏小娥的标准是 100%，达到尽善尽美。为了达到这一高标准，魏小娥拼命学习技术，三个月后，魏小娥带着学到的知识回到了海尔。

又过了半年，魏小娥的师父——日本模具专家宫川先生来中国访问，见到了已成为卫浴分厂厂长的魏小娥。此时，魏小娥已经达到了自己的高标准，100% 的合格率令宫川大为震惊，不禁反过来向徒弟请教，100%的产品合格率是如何实现的。而魏小娥只回答了两个字"用心"。这两个字听起来简单，却很少有人能真正做到，而魏小娥做到了。

一次，魏小娥在原料中发现了一根头发，这无疑是操作工在无意间掉落的。原本只是一个小概率事件，但魏小娥马上意识到，如果这根头发混进原料中，就会出现废品。为了杜绝此类事件，魏小娥马上定制了一批白衣、白帽，并要求操作工统一剪短发。魏小娥就这样将一个又一个可能影响到产品实现100%合格率的微小因素扼杀了。最终，日本人认为不可能的事情，魏小娥做到了。

"高标准，严要求"是普通人通往卓越的重要因素。很多人可能会觉得，自己在公司并未身居要职，难以创造像魏小娥一样的奇迹，但我们仍然可以把简单的工作和微小的事情做到极致，不仅可以展现出在相关领域的专业性，还可以展现自己尽职尽责的工作态度。

在日常工作中，当然应该把握重点，若尚有多余的精力，可以在细节上打磨和下功夫，也可以追求工作效率上的提高。比如，公司要求一周完成的工作，可以争取在更短的时间内保质保量地完成。如此一来，工作效率和工作能力也会不断提高。

## 四、借助标杆和榜样的力量

借助标杆和榜样的力量也不失为一个有效的手段。如果周围有自己非常欣赏且非常优秀的领导、同事，可以以其为学习的榜样，在工作中向他们看齐，日常也可以多沟通或请教工作。当然，标杆和榜样人物不仅限于身边的熟人，也可以是网上的行业专家，平时可以多关注他们的动态，购买他们的课程和书籍。在标杆和榜样人物的带动下，你也会更努力，从而成为更优秀的自己。

## 五、培养健康的生活习惯

对现代人而言，培养健康的生活习惯非常重要。因为很多人容易熬夜，容易暴饮暴食，容易久坐不运动……长期如此，这些不良的生活习惯会使人处于亚健康状态，从而严重影响工作状态和工作效率。所以一定要培养健康的生活习惯，按时作息，三餐健康清淡，并培养一项运动爱好，长期坚持下去。最初这样做时，你会感受到压力和难以坚持，一旦养成习惯，你会慢慢感到自己的身体状态越来越好，精力越来越充沛，工作起来也更有动力和干劲儿。

## 六、找到自己的动力源

有些人之所以没有动力，是因为没有找到自己的动力源。在现实生活中，每个人的动力源都不一样，有的人希望实现自我价值，有的人是为了赚到更多的钱，还有的人是希望通过工作获得成就感，或得到家人、社会的认同。当然，也有很多人是以上动力源兼而有之。找到自己的动力源，你就会明确自己工作的目的和意义所在，在朝着目标努力的路上，虽然会遇到不小的压力，但你也会更具前行的动力。

## 七、寻求反馈和认可

对于职场中人，努力工作非常重要，更重要的是，避免盲目努力，建立外部反馈机制，及时向领导、同事了解自己的工作表现和不足。当收到负面反馈的时候，你会感到一定程度的心理压力，但这也促使你更好地改正自己的缺点，在下一次做得更好。当收到正面反馈的时候，你会更明确自己的优点和做得好的地方，获得鼓励的同时，也有助于将优势延续下去。在不断调整和优化的过程中，你会不知不觉地进入一个良性循环，不断提高工作效率，表现得越来越优秀。

没有压力就没有动力。如果你在工作中缺乏动力，不妨给自己设立一个具有挑战性的目标，建立起奖惩机制，并积极寻求外界的反馈和认可。平时在工作中，也要以更高的标准要求自己，力求将工作做到尽善尽美，提供超预期的惊喜。此外，还可以借助标杆和榜样人物的力量，促使自己变得更好。找到自己的动力源，培养健康的生活习惯也很重要。以上方式都可以达到直接或间接给自己施加压力的目的，从而使自己在工作中更有动力，不断提高工作效率，创造更多财富和价值。

# 向同事施压和"向上管理"

一个人工作没有动力，大抵是自身的原因，但也不能排除外界的原因，比如同事不配合工作，致使自己的工作难以开展，还会产生诸多负面情绪，失去对工作的热情，严重影响工作效率。

在职场上，有很多工作是需要不同的部门、不同的同事之间互相配合协调完成的。面对同事毫无配合意愿和动力的情况，就需要直接或间接给同事施加适当的压力，从而提高其配合我们完成工作的动力。

## 一、变相施压：适当增加感情投入

相信很多人都明白这一点：职场不是交朋友的地方。除非你所在的公司环境比较包容，同事之间也不存在任何竞争关系和利益关系，否则还是要以工作为主，以赚钱和提高工作能力为最终目的。但同事之间的关系也不能过于生疏，毕竟工作上有很多事需要相互配合，所以保持友好的关系很重要。比较理想的状态，大概就是"同事之上，朋友未满"。在工作之余，可以多增进同事之间的感情，互相多了解，拉近彼此的关系。比如，偶尔帮同事订一杯奶茶，分享一些小零食，中午一起出去吃饭等，都会在无形中增进彼此之间的感情。

如果没有任何情感维系，你在对方心里就是一个平时没什么交集和存在感的陌生同事，当你需要对方配合自己的工作时，有可能遭到对方的拒绝，或者对方口头答应，然后敷衍了事，毕竟每个人手上都有很多待处理的工作，为什么要优先处理你的工作呢？

有些初入职场的人难免会认为，从公事公办的角度，对方就应该配合自己，于是理直气壮地提出自己的需求，如果对方不配合，就在领导面前如实阐明自己无法推进工作的原因。

这是非常不成熟的想法和做法。一方面容易使同事关系僵化，另一方面容易在领导面前留下不好的印象，使领导质疑你的工作能力以及在公司的人缘和同事关系。何况对于一些比较圆滑的同事，当你提出需要对方配合的诉求时，他们并不会直接拒绝和得罪你，而是采用拖延、敷衍等办法，迟迟不配合和处理你的工作。终极目的是让你知难而退，以后都少来麻烦自己。

为了避免这种情况，最好的办法还是平时多增进与同事之间的感情。当你们之间互生好感，甚至互相欣赏，彼此在工作上的配合也就成了一件水到渠成、自然而然的事情。

在这种情况下，如果对方还想拒绝你，就会考虑到拒绝你的成本和代价：可能会引起你的不满，可能会导致你们之间的友好关系破裂。这时，对方就会产生一定的心理压力，从而更有动力配合你完成工作。

## 二、变相施压：先积极配合同事工作

在职场上，不仅你的工作需要同事配合，同事的工作也需要你配合。当同事找到你时，如果确认对方提出的需求在自己的职责和工作范围之内，而不是为了"甩锅"，或者只是想把自己应做的工作分担给你，一定要积极主动地配合同事，在对方心中留下一个良好的印象。当对方道谢时，你可以自然而然地表示，同事之间就应该互相配合，让对方不必放在心上，况且以后自己也会有工作需要对方的配合和支持。人和人之间都是相互的。如此一来，当你的工作需要对方配合时，对方念及你曾经的热情帮助，也会积极主动地配合你。如果对方不想配合你，也会面临一定的心理压力。

### 三、借助领导的权威给同事施压

借助领导的权威给同事施压，不是到领导面前告同事不配合自己工作的状，而是尽量和领导乃至所有同事同步信息。比如，你可以在开会的时候阐明自己的工作进度和难度，以及需要哪些部门的配合，并向相关部门的同事确认，什么时候可以把自己需要的数据、文件等给到自己。毕竟当着领导和其他同事的面，同事也会在态度上更积极主动。然后，你再向领导表明，有了同事的配合和支持，自己在某某时间就可以完成这项工作。

为了更好地沟通和把控进度，会议结束后，你还可以建一个工作协同群，把领导和需要配合你的同事都拉到群里，在群里和同事沟通相关事宜。在领导面前，对方一定会更有动力配合你的工作，从而使你提高工作效率，保质保量地完成工作。

### 四、明确目标，积极沟通

在工作中，要确保每一位相关的同事都明确自己的工作目标和责任，即使你不是管理者，也可以这样做。你可以在开会的时候提出自己的工作计划，并对整体任务进行拆分，明确哪些工作需要同事的配合，并使每一名需要配合你的同事明确自己具体需要做的事宜，以及最晚什么时候交付，才能不影响工作的正常推进。同时，你还可以定期与同事交流工作进展，分享自己最新的想法和观点，确保每一名相关的同事都知道项目的情况，而不是一副毫无压力、事不关己的模样。在沟通的过程中，他们会更加明确自己的角色和责任，使大家朝着一个共同的目标努力，人人都会更有动力。

## 五、公开表达感谢和认可

对职场中人而言，工作能取得突破性的进展和成果，一定是团队共同努力的结果。对于曾经给予自己积极配合和帮助的同事，一定要及时表达感谢，认可对方的付出。最好是在开会的时候公开表达感谢，这种被当众感谢和认可的方式，会让同事有一种被尊重和重视的感觉，感到自己的付出和配合是有价值的。这种价值不仅体现在工作本身，还在于自己帮助的是一个值得帮助的人。等你下次需要相应配合时，对方会更有动力。其他同事看在眼里，也会更有配合你的动力。因为他们知道，你习惯于当众表达对同事的感谢，这不仅可以让他们获得精神上的满足感，同时也是一种变相的压力。如果他们理应为你提供配合而没有提供相应的配合，当你对其他同事表达感谢时，一切已不言自明。他们会感到尴尬，却又无从解释。为了避免将自己置于这种境地，他们会更有动力配合你。

通过以上方法，都可以达到直接或间接向同事施加压力的目的，使同事更有动力配合我们的工作，从而提高工作效率。

除了可以给同事适当施加压力，还可以给领导施加压力，做好向上管理，以获取相关的资源和支持。"向上管理"的概念是由著名管理学家杰克·韦尔奇的助手罗塞娜·博得斯基提出的。需要注意的是，向上管理并不是让你去"管"和"命令"自己的领导，而是通过高效沟通，说服和影响领导，从而获取自己想要的支持、便利和资源，最终使自己高质量、高效率地完成工作。

那么，如何通过向上管理和高效沟通给领导施加压力呢？在日常工作中，可能很多人都遇到过这种情况，有时候需要向领导请示工作，或者让领导确认自己的工作方案和建议。然而，信息给到领导后迟迟得不到回应。毕竟领导每天也有很多事情要处理，而且本人并不经常在公司，给直接沟通造成了阻碍，发出的信息又容易被搁置或迟迟得不到回复。

面对这种情况，我们不妨换一种沟通方式。向领导请示工作时，同时给出自己认为的最佳方案，并向领导表明工作的紧迫性，所以在规定时间内如果未收到领导的回复，则表示领导默认自己提出的方案，自己将按照自己的方案和思路推进工作。

如此一来，有了时间上的限制，领导的内心就会有紧迫感。同时，领导也会明白不回复或搁置此事的后果。在这样的双重压力下，领导必然会优先处理和考虑你的方案，在无形中极大提高了工作效率。

还有一种比较常见的情况：在工作中，每个人都有需要领导提供相应的资源、帮助和支持的时候，有些人能够轻松说服领导达成自己的目标，有些人却迟迟无法获得自己想要的帮助。对此，也可以通过高效沟通和变相施压的方式达成目的。

在和领导沟通之前，一定要做好充分的准备，包括对工作整体情况的了解，所需要的资源等，以及这些资源将如何帮助你实现工作目标或推动项目进展。一定要让领导明白，这些资源将会为公司带来什么样的价值和意义。同时，还要充分考虑到工作在推进的过程中，可能会出现的问题和挑战，并提出自己的解决方案，让领导看到你已经对全局进行了充分的考虑，看到你做事的计划性。

在提出相关诉求后，也要保持沟通和跟进，可以询问领导是否需要进一步的信息或数据，或者他的看法和建议。在虚心听取领导反馈的同时，也可以适时阐明该项工作的重要性，以及延误或终止工作可能对公司造成的影响和损失。介于可能产生的损失，领导的内心也会产生一定压力，加之你前面有凭有据的沟通，领导为你提供相应资源和帮助的可能性就会大大增强。

在日常工作中，适当地向缺乏动力的同事施压，并做好向上管理，对我们的工作大有裨益，可以有效提高工作效率，在更短的时间里创造更多财富和价值。

# 提升自控力和自律能力

　　人生没有那么多敌人，最大的敌人就是自己。人生也没有那么多挑战，最大的挑战就是自己的懈怠、拖延、不自律……所以，职场中人提高自控力和自律能力很重要，不仅可以有效应对压力，也是提高工作效率和事业成功的关键。

　　压力和自控力、自律能力之间存在着复杂的、相互作用的关系。一个人如果感受不到压力，或者压力不够大，就容易缺乏自控力和自律能力。一个人如果有很强的自控力和自律能力，就可以有效应对和减缓工作中的压力。为了有效提高自控力和自律能力，我们可以从以下几个方面着手。

## 一、养成"今日事，今日毕"的习惯

　　"今日事，今日毕"是一个非常好的习惯，一旦养成这一习惯，就可以在极大程度上改善、克服拖延和怠惰的习惯，提高工作效率。此外，当你偶尔想偷懒和懈怠一下时，这一深入到骨子里的习惯和思维，会让你感受到压力，"未完成"感会让你无法安心上床，无法为这一天画上圆满的句号。

成功人士之所以能够取得普通人难以取得的成就，与"今日事，今日毕"这一思维习惯有着密切关系。每一名职场人士，都有必要养成这一好习惯。

根据神经科学的研究，一个习惯的形成需要大约 21 天的时间。所以我们只要坚持 21 天，通过不断的刻意重复，就可以把一种思维和动作刻入大脑，形成一种习惯。

当然，21 天可能是虚指，根据个体差异，这一数字会略有浮动。但不可否认的是，好习惯的养成和任何一门技能一样，都是刻意训练和重复的结果。

养成了"今日事，今日毕"的好习惯，不仅可以提高自身的工作效率，也会使自控力和自律能力得到极大提高。


## 二、借助"外驱力"的力量

如果说"自驱力"对应的是自律，"外驱力"对应的则是他律。关于自驱力，在前面的内容中已经讲过，所以在此主要讲一下外驱力。

外驱力主要来自外部环境，也可以看作是外部环境和因素对个体施加的压力、约束、影响等。如果一个人缺乏自控力和自律能力，就可以借助外驱力来推动和改善自己。比如，你想在工作之余，养成学习和读书的好习惯，但在家里容易分散精力，经不住追剧、睡懒觉、打游戏等诱惑。面对这种情况，不妨离开家，到附近的图书馆去读书学习，图书馆的氛围和周围正在读书的人群可以让你静下心来，专注于自己想做的事。

此外，你还可以加入相关的兴趣打卡社群、陪伴营等，与志同道合、目标一致的朋友互相监督，坚持每日打卡。这种外驱力带来的潜在压力和动力，会让你做事更有效率，更容易坚持下去，并取得自己想要的结果。

### 三、远离多巴胺，追求内啡肽

人的大脑可以分泌两种令人感到快乐的激素：一种叫多巴胺，另一种叫内啡肽。严格地说，多巴胺是一种神经传导物质，可以帮助细胞传送脉冲。多巴胺主要负责传递兴奋和开心的信息，也与人们的上瘾性行为有关。比如吸烟，就可以增加多巴胺的分泌，令人感到开心和满足。而内啡肽又被称为安多芬或脑内啡，是一种内成性的类吗啡生物化学合成激素，可以和吗啡受体结合，产生止痛和愉悦之感。

所以多巴胺和内啡肽都能给人带来快乐，但两者有着截然不同的区别。多巴胺更倾向于即时满足，是一种比较容易获得的快乐，比如打游戏，刷短视频等，都会使大脑立即分泌多巴胺。但多巴胺在分泌之后，也会出现急剧下降的现象，这就是为什么有些人打完游戏或长时间刷短视频、追剧后，容易陷入空虚。为了排解这种空虚感，很多人会选择继续重复之前的行为，不知不觉中，就会消耗大量的时间、精力，不仅容易上瘾，还会严重影响工作效率和整个人的精神状态。

相比多巴胺的即时满足感，内啡肽是一种延迟满足，它并不容易分泌，通常要经历一个长期且痛苦的过程才能产生，但他会让人获得真实的成就感，以及发自内心的持久的愉悦。比如，当人们进行长时间的运动后，大脑会分泌内啡肽，使人感到心情愉悦、神清气爽；当工作取得突破性进展或阶段性成就后，大脑也会分泌内啡肽，让人获得一种成就感；坚持在较长一段时间里健身和控制饮食后，发现体脂率终于有所下降，这时大脑也会分泌内啡肽。

所以想要提高自控力和自律能力，一定要了解多巴胺和内啡肽，并能够分清哪些行为可以使大脑分泌多巴胺，哪些行为可以使大脑分泌内啡肽。通常来讲，内啡肽的分泌多与自控和自律的行为相关。

明白了这一点，在工作中就会更自律和专注，不会被即时的快乐所诱惑，不会轻易分散注意力。

　　日常生活和工作中，通过养成"今日事，今日毕"的良好习惯，适时借助"外驱力"的力量，并自觉远离多巴胺带来的即时快乐，都可以提高自控力和自律能力，从而达到提高工作效率的目的。

# 第五章

# 将过高的压力调到正常阈值

# 认识到压力和困难是人生的常态

杨绛先生曾说："每个人都会有一段异常艰难的时光，生活的压力，工作的失意，学业的压力，爱的惶惶不可终日。挺过来的，人生就会豁然开朗；挺不过来的，时间也会教你，怎么与它们握手言和，所以不必害怕。"压力和困难是人生中的常态。当你读到杨绛先生这句话的时候，可能尚未经历如此之大的压力和困难，尚未迎来人生中的至暗时刻，但也不可避免地会遇到很多相对较小的压力和磨难，并常常为此感到烦躁、气馁、失落，甚至会觉得是自己时运不济或能力不如别人。

每个人都会有压力和磨难，这是人生的必修课。每个人面对的压力不一样，或者对压力的感知程度不一样，有一些人习惯于将压力深埋心底，没有表露出来，但不等于他们没有压力，或压力很小。压力和苦难不会放过任何一个人，无论是聪明绝顶、能力卓著者，还是天分极高、取得杰出成就的人。

被誉为"发明大王"的爱迪生一生痴迷于发明创造，虽然很有天分，但爱迪生的人生和他的发明生涯一样，充满了坎坷、打击和失败。

1847 年，爱迪生出生于美国俄亥俄州的米兰镇。因家境清贫，爱迪生只读了三个月小学就辍学了，但爱迪生并没有放弃学习，而是开始了顽强的自学。11 岁时，因生活所迫，爱迪生开始给人赶马车，12 岁在火车上当报童。当其他孩子还在享受无忧无虑的年少时光时，爱迪生已经每天工作 10 多个小时，工作之余还热衷于做各种小实验。

15 岁的时候，爱迪生在火车上做实验，由于火车颠簸，不小心打翻了装有黄磷的玻璃瓶，黄磷猛烈地燃烧起来，冒出滚滚浓烟，列车长又急又气，狠狠打了爱迪生一个耳光，爱迪生的右耳从此聋了，并且遭到了解雇。

小小年纪的爱迪生在经历了这样的打击后，仍然没有放弃做实验。不久后，爱迪生又找了一份报务员的工作，经常每天工作 20 小时。有一次，因为爱迪生白天一直在忙于做实验，就在上夜班的时候打起了瞌睡，被发现后，爱迪生又被开除了。

失业后的爱迪生落魄潦倒，好在不久之后，就被介绍到西方联合电报公司当报务员。爱迪生仍然没有放弃做实验，一次从容器中漏出的硫酸流到了经理室，烧坏了地毯。于是，爱迪生又被解雇了。当时的爱迪生，为了做实验，已经被解雇了 3 次。在人们眼里，爱迪生是一个怪异的青年，像一个流浪汉一样满身油垢……

32 岁时，爱迪生发明了电灯，从此声名大噪。爱迪生在发明电灯的过程中，也经历了常人难以想象的艰辛，在长达两年的时间里，爱迪生每天都要工作 20 小时，有时甚至连续工作 30 多个小时，一共尝试了 1600 多种材料，最终才找到最合适的灯丝。

1879 年，爱迪生发明的电灯发出明亮的光，他沉浸在巨大的成就和喜悦之中："我们坐在那里，出神地看着那盏灯持续亮着，它亮的时间越长，我们越觉得神驰魂迷。我们中间没有一个人能走去睡觉——共有 40 个小时的工夫，我们中间的每个人都没有睡觉。我们坐着，洋洋自得地注视着那盏灯。它亮了约 45 个小时。"后来，爱迪生被冠以"发明大王"的称号。但在爱迪生心里，自己只是一个普通人，所以爱迪生才会说出这句几乎举世皆知的名言："天才是百分之一的灵感，加上百分之九十九的汗水。"

灵感固然重要，但在压力和挫折面前永不言弃的精神同样重要。面对接连失业的压力和实验失败的打击，如果爱迪生选择放弃或认输，就不会发明出堪称"世界之光"的电灯，也不会成为"发明大王"。现实生活中，相信大部分人都比爱迪生的起点高，不用为生计发愁，并且受过良好的教育。但大部分人并没有爱迪生一样的成就和知名度，究其原因，未必是天分上的差异，而是太容易在压力和磨难面前放弃。

爱迪生为了找到合适的灯丝，一共尝试了 1600 多次，不仅仅是经历了 1600 多次失败，在此过程中，也遭遇了外界不同程度的否定、质疑。正如"杂交水稻之父"袁隆平，在研究杂交水稻的十多年中，也听到了诸多质疑、否定的声音，不过令人敬佩的是他顶住了巨大的压力，最终获得了成功。对爱迪生和袁隆平而言，每一次尝试都有价值，每一次失败都有意义，因为每一次失败都排除了一个错误选项，也让自己离成功更近了一步，只要不放弃，终有一天会成功。

所以压力和磨难不仅是人生的常态，也是一笔财富。莎士比亚曾经这样宽慰和鼓励一个失去了父母的少年："你是多么幸运的一个孩子，你拥有了不幸。"当时，这个悲痛欲绝的少年困惑地望着莎士比亚，他不明白，自己明明刚失去了父母，失去了人生的所有依靠和幸福的家庭，还有谁比自己更不幸呢！为什么莎士比亚会如此说呢？莎士比亚摸着少年的头说："不幸是对人最好的磨炼，是人生不可缺少的经历；因为你清楚地知道失去父母之后，一切就只能靠你自己了。"听到这里，这个孩子望着面前受人尊敬的戏剧大师，似乎明白了什么。40年之后，这个孩子成了英国剑桥大学的校长、世界著名的物理学家。他就是杰克·詹姆士。

莎士比亚的说辞不仅体现了英国人的理念，也是中国人的处世智慧。古人常说"少年得志大不幸"，又有"穷人的孩子早当家"的说法。大文豪高尔基也曾说："苦难是一所最好的大学。"

当然，我们不是歌颂苦难，赞美压力，而是要以更积极的心态去面对工作和人生中遇到的压力。压力和困难也是人生中的一笔财富。当它降临时，虽然会带来狂风和暴雨，但它也一定会教会我们什么。所以我们要从容面对压力，更重要的是从压力中吸取经验教训，使自己更好地成长进步，而不是白白经历压力和苦难。那么，如何从压力中吸取经验教训呢？

## 一、要正视压力

面对工作中的压力和挫折，很多初入职场的人的反应是气馁、失落，甚至是放弃。然而，逃避问题和换工作并不能解决问题，新的工作环境还会产生新的压力和困难。须知没有十全十美的工作，也没有十全十美的员工。每一个人都存在缺点，每一份工作都存在不同程度的压力、挑战，每一个公司都存在着不同程度的问题和困境。只有正视和接受压力，才能够更好地去面对它，并在应对压力的过程中吸取经验教训。

## 二、要正确分析压力

面对工作中的压力，要冷静地分析压力产生的原因，确认是主观压力还是客观压力，应该如何应对。在此基础上，制订相应的解决方案。这样才能更好地解决问题，应对压力，而不是陷入负面情绪，或感到茫然无措。

## 三、保持积极乐观的心态

在压力面前，保持乐观的心态很重要，它可以使我们更好地解决问题。如果一个人心态很消极，在压力面前就容易退缩，容易被困难打败。而心态积极阳光的人，能够应对各种困难和挑战，能将过高的压力调到正常范围之内，甚至还会使压力为己所用，在压力下激发自己的潜能和创造力，从而提高工作效率，给领导或客户以超预期的满足和惊喜。

## 四、及时复盘和总结经验教训

所谓"吃一堑，长一智"，每个人在一生中都会遇到很多挫折和困难，但这些挫折和困难也会同时增长我们的智慧和经验。所以在经历了比较大的压力和困难之后，一定要及时复盘总结，明白自己有哪些不当的操作或缺点是今后需要规避的，又有哪些经验和优势是日后遇到同样的问题时可以沿用和借鉴的。

压力和困难是人生的常态，也是一笔宝贵的财富。为此，我们要始终保持积极乐观的心态，要学会正视压力，正确分析面前的压力和挑战，在有效应对压力和解决困难之后，及时复盘总结经验教训。如此一来，我们应对压力的能力和工作的能力会不断提高，可以轻松地将过高的压力调到正常阈值，不会轻易被压力和困难击垮。与此同时，解决问题的效率和工作效率也会越来越高。

# 远离无效解压

压力是职场中的常态，每个人都会有压力很大的时候，但很多人并不知道如何将过高的压力调回正常阈值，不知如何缓解压力，甚至采取一些无效乃至极端的解压方式。

无效的解压方式有很多，有些年轻人压力大的时候，会采取蹦迪、K歌、玩游戏的方式解压。从本质上来讲，蹦迪、K歌、玩游戏，都是通过强感官刺激使人获得暂时的放松，也可以看作是注意力的转移，让人把注意力从令自己感到紧张、焦虑的事情上转移到了游戏等事情上。所以本质上压力并没有消失，只是被暂时转移了。

当人沉浸在蹦迪、K歌和游戏中时，确实会暂时忘记压力，摆脱紧张、焦虑的情绪。但是在这些娱乐活动结束后，就会陷入巨大的空虚感，压力也会如潮水一般重新涌来。尽管很多年轻人在面对压力时，会采取这种方式，但真实情况是，蹦迪、K歌、玩游戏只能缓解工作上的疲劳，并不能真正缓解工作压力。

有些人也会采取旅游和度假的方式，希望暂时脱离让自己感到紧张、焦虑的环境，以为异地的风景和全新的环境可以让心情得到放松。然而，这种方式往往也是无效的，因其并未从根源上解决问题。在异地度过一段轻松愉悦的时光之后，重新返回工作岗位，仍旧要面对压力和诸多问题。甚至有些人在旅游回来之后，不仅没有缓解压力，反而更加厌烦自己的工作，又平添了新的压力。如此一来，就要花更多的时间去调整心情，适应原本熟悉的工作和环境。所以面对工作上真实存在的压力和问题，不建议采用这种方式来缓解压力，因为这只是在逃避问题。除非你的压力是由主观原因或自己的情绪引起的，并没有实实在在的问题等着你解决和处理。比如出现莫名的焦虑、情绪低落之感。在这种情况下，你可以尝试到外面走走，或者换一个全新的环境，心情会好很多。

除此之外，很多人习惯上班期间喝一杯咖啡来提神，或者偶尔与朋友小酌，这些都无可厚非。但是当心理压力很大的时候，一定不要通过过量饮用酒精、咖啡或一根接一根吸烟的方式来放松自己。因为一旦过量摄入，就会适得其反，产生诸多问题。过量的咖啡可能引起器质性精神失调，又称"咖啡因中毒"，会出现心神不宁、紧张、兴奋、失眠、肌肉抽搐、肠胃疾病等。过量的酒精则会令人酩酊大醉，出现头痛、呕吐等身体不适。此外，一些过度依赖酒精的人，很容易出现人际关系问题。因为有些人在醉酒之后，容易出现一些失控和过激的言行，这些行为无疑会导致人际关系紧张，为身边的人带来麻烦。其结果是不仅没有缓解工作压力，还产生了诸多新的问题和矛盾。过度依赖咖啡和酒精，还容易导致失眠，致使第二天的工作状态受到严重影响。

有些人压力大的时候，会一根接一根吸烟。过量吸烟会导致尼古丁中毒，这种由尼古丁引起的毒性反应，会使人头晕、头痛、心慌、恶心、呕吐等。此外，长期吸烟也会对身体造成极大损害。

总之，像咖啡、香烟和酒精类成瘾性物质，一旦上瘾后，很难彻底戒断，除非你拥有很强的毅力和自控力，所以在日常生活中只宜偶尔浅尝，最好不要让自己产生依赖。

有些人感觉压力大，心情烦躁和焦虑的时候，就想立刻吃东西，好像只有通过食物来填满胃部，才能减轻精神上的虚弱感，让自己在精神上获得一些满足和安慰。加上如今短视频行业的发展，各种"大胃王"和吃播视频非常吸引眼球，致使很多人纷纷效仿，每当感到压力特别大的时候，也想通过美食来解压和缓解内心的焦虑、恐慌。因为人在吃东西的时候，会提高体内多巴胺的分泌，确实会带来短暂的快感。所以当心情不好的时候，适当吃一些自己喜欢的美食，是完全没有问题的，但千万不要暴饮暴食。

暴饮暴食对身体的危害是很大的。大量的食物在短时间内进入胃腔，容易引起胃酸分泌过多，以及胃黏膜损伤，出现腹胀腹痛、呕吐等症状，甚至会出现胃炎或呕血，造成严重的后果。此外，暴饮暴食后，为了消化大量的食物，胰腺、胆汁也会增大分泌量，从而增加患上急性胰腺炎和胆囊炎的可能性。长期暴饮暴食还会导致体重超标和营养过剩，产生一系列健康问题。所以饮食一定要节制，否则不仅不能缓解压力，还会产生诸多问题和风险。

还有些人在工作压力大的时候，会采取疯狂购物的方式进行解压，尤其是女性。毫无疑问，消费可以给人带来快乐，尤其是一些平时想买而舍不得买的物品，忽然间全买回家，可以在短期内带来满足感，并抵消一部分内心的负面情绪。

然而，这种解压方式也并不可取，并且容易引发新的压力，即财务压力，甚至会背负上债务。所以，普通人最好不要通过疯狂购物的方式来解压。因为这种行为不仅会带来财务压力和负债，还可能让人上瘾，在下次产生压力的时候，会继续无意识地选择以"买买买"的方式来解压。长此以往，其结果必定是经济实力不济的普通人难以承受的。为了避免上瘾和产生依赖性，一定要自觉断掉通过疯狂购物来解压的念头。

也有一些人会采取发泄怒气的方式来缓解压力，认为这是一种直接有效的方式。当身体感受到巨大的压力，并产生焦虑、愤怒、沮丧的情绪时，及时宣泄掉这些负面的情绪，确实可以减轻一部分的压力。

然而，这种行为并不可取。因其在缓解一部分压力的同时，也容易产生新的问题，比如人际关系上的压力。当人们肆无忌惮地向身边人发泄自己的情绪时，无疑会影响到其他人的心情和状态，因为不良情绪是很容易传染的，相信很多人都听说过"踢猫效应"。

> 　　一个男人在公司受到了老板的批评，感觉心情烦闷，压力比较大，回到家里后，看到在沙发上跳来跳去的孩子，就把孩子责骂了一番。孩子心里很委屈，无处宣泄，狠狠地踹了一脚在身边撒娇打滚的猫。猫逃到了街上，正好一辆卡车迎面开过来，为了躲避这只猫，司机撞到了路边的孩子。

"踢猫效应"讲的就是一种典型的坏情绪的传染。所以遇到工作压力的时候，尽量不要把坏情绪传染给家人、朋友。如果在公司当众发泄，则很容易造成难以挽回的后果，并给领导和同事留下"情绪化"和抗压能力差的印象，影响自己日后的职业发展。

无效的解压方式有很多，包括但不限于以上几种。无效的解压方式有一个共同点，即转移或回避压力，并没有从根源上解决问题，导致压力并没有被缓解且调回正常阈值，甚至增添了新的压力和问题，从而严重影响工作效率和个人职业发展。在日常生活和工作中，我们一定要规避无效的解压方式。

# 缓解压力最有效的方法

人人都会有工作压力过大的时候。此时，只有采取正确的解压方式，才能真正缓解压力，将过高的压力调回到正常阈值。那么，有效的解压方式有哪些呢？

## 一、听舒缓的音乐

音乐作为一门艺术，不仅能带给人精神上的享受，同时也是一种有效的减压方式，可以放松精神，缓解紧张、抑郁的心理状态。其实，音乐疗法并非现代才产生的概念。早在两千多年前，《黄帝内经》中便提出了"五音对五脏"的理论，以宫、商、角、徵、羽，对应人体的脾、肺、肝、心、肾，来疗愈相应的病症。欧阳修曾言："吾尝有幽忧之疾，而闲居不能治也。受宫音数引，久而乐之，不知疾在体也。"欧阳修所说的"幽忧之疾"大抵就是现代的焦虑、抑郁类的症状。朱丹溪也曾说："乐者，亦为药也。"音乐对人体的疗愈作用，由此可见一斑。

如今，音乐疗法已经为越来越多的人所了解和认可，其不仅可以缓解精神紧张，甚至可以治疗身体上的疾病。通过听音乐的方式，可以对神经系统进行调节。所以，感觉工作压力很大的时候，不妨一边听音乐，一边闭目养神，不仅可以舒缓压力，让心情变得愉悦，还能有效缓解疲劳，改善睡眠。

根据相关研究，音乐还可以对心肺功能产生积极的影响。不同节奏的音乐，会对人的血液循环和呼吸系统产生相应的影响。当人们聆听轻松愉快的音乐时，心跳速度会变慢，血压也会降低，内心会变得平和愉悦。

## 二、写日记和随笔

写作也是一种较为有效的减压方式。对于一些经常感觉工作压力很大的人，可以养成写日记、随笔的习惯。当然，不必每天都写，可以视自己的时间和工作情况来决定写作的频率。

写作之所以可以减轻压力，是因为在写作的过程中，人们不仅可以宣泄内心的痛苦和烦恼，使负面情绪得到释放，还可以探索解决问题的方案，更好地厘清自己的思路和观点，所以写作对缓解压力和促进个人成长，可以起到重要作用。

被誉为"半个圣人"的曾国藩，习惯在日记中记录自己的言行举止和心路历程。在倾诉内心的情感，缓解官场压力的同时，也使自己的言行举止得以不断完善。

## 三、练习正念

练习正念也是一种非常有效的缓解压力的方式。心理学家盖瑞·戴顿说：

"练习正念会改善你的脑部结构，让你提高持续专注于重要任务的内在能力，减轻压力的负面效应。"所谓"正念"就是收回自己的注意力，回归到当下，减少妄念，从而获得内在的力量，让自己的内心更轻松愉悦。那么，该如何练习正念呢？

我们可以找一个安静的环境坐下来，让自己的身心都处于自然放松的状态，尽量清除杂念，将注意力放在呼吸上，轻轻吸气，同时心中默念"吸"字，再慢慢呼气，同时心中默念"呼"字。然后集中注意力感知自己的身体状态。在此过程中，背部可以靠在椅子上，双脚可以与地面接触，用心感受身体的存在，以及情绪的变化。无论内心是愉悦还是忧伤、抑郁的情绪，都要允许这些情绪存在，并理解和接纳它们。此时，如果头脑中产生各种纷乱的想法和念头，也不必刻意遏制，而是任其自然而然地存在……渐渐地，身体和心灵会有放松、舒适之感。

在工作之余，可以经常进行正念练习，尝试接纳和理解自己的情绪。如此，内心就会更加平和、安宁，不会产生过高的压力。

## 四、坚持有规律地运动

相关研究证实，有规律的运动，可以提高一个人的精神面貌并驱散焦虑，改善人们的不良情绪，对缓解压力非常有效。

所以压力过大的职场人士，不妨让自己动起来，选择一项自己喜欢的运动，如游泳、慢跑、骑自行车、打羽毛球等，也可以练瑜伽。在进行这些运动的过程中，大脑会分泌令人感到愉悦的内啡肽，让人心情放松，从而有效缓解压力。

此外，长期坚持一项运动，还可以让人拥有健康的体魄和旺盛的精力，从而以更饱满的精神状态投入到工作中，不仅能提高工作效率，还能获得对人生的掌控感。

钟南山院士曾说:"我是一名医生,很了解一个人的身体健康状况,锻炼对身体健康起到很关键的作用,让人保持年轻的心态,它就像吃饭,是生活的一部分。"钟南山院士坚持运动的习惯已经保持了几十年,无论是日常生活中,还是出差时,他都会雷打不动地运动,没有器材,就做俯卧撑、原地高抬腿等。运动不仅使钟南山院士得以排解压力,更使其保持年轻的心态和状态。2003年,66岁的钟南山带领医务人员奋战在抗击"非典"的一线;2020年,83岁的钟南山院士再次站到了抗击新冠疫情的最前线。能够在高压之下坚持工作,得益于钟南山院士精湛的医术、高尚的医德,也得益于数十年如一日的健身习惯。

人们常说"身体是革命的本钱",对于现代职场人士,养成运动的习惯尤为重要,不仅可以有效缓解压力,还可以改善亚健康状态,让身心更健康。

## 五、做好自我管理

做好自我管理,是从根源上缓解和消除压力的有效手段。自我管理是一个宏观概念,包含人际关系管理、时间管理、情绪管理等。只要我们做好这些管理,烦恼和压力自然而然会减少很多。

人际关系管理是职场人士需要面对的重要课题。在职场上,想要做好人际关系管理,一定要充分尊重领导和同事,尊重不同的价值观、思维、观点,并与领导和同事保持良好的沟通,在礼貌阐述自己的诉求和观点的同时,也要虚心听取他人的意见。在工作中，要积极配合和支持同事的工作，给同事留下值得信赖的印象。人际关系管理的关键因素就是建立信任，所以一定要诚实守信，言出必行，才能在职场上产生影响力，建立稳固的人脉关系。工作之余要多参加公司的相关活动，以及社会上的培训和行业会议等，与行业内的优秀人士和专家建立联系。

此外，自我形象管理也非常重要。这里所说的形象管理，不仅体现在得体的衣着和言谈举止，还有自己的专业形象，所以在工作之余，还要致力于自身专业技能的提高。

情绪管理也是职场人士的必修课。在工作中，一定要控制好自己的负面情绪，以免影响其他同事的心情和工作状态。要尽量保持积极乐观的态度，传递正能量，对工作充满热情。在职场中，做好自我管理，可以拥有和谐的人际关系，工作也会更顺畅、更高效，并将可能产生的压力和烦恼扼杀在摇篮中。

当工作压力过大时，通过以上方式都可以有效缓解压力，将过高的压力调到正常阈值，从而提高工作效率。

# 驾驭压力：学会在高压之下稳定发挥

在当下的职场中，繁杂的工作任务、极高的工作标准、严格的工作考核非常常见，致使很多职场人士常常处于压力过载的状态。那么，如何在高压之下稳定发挥，并保持较高的工作效率呢？

## 一、静心梳理，充分思考

古人说："为将之道，当先治心。泰山崩于前而色不变，麋鹿兴于左而目不瞬，然后可以制利害，可以待敌。"这句话的意思是作为将领应首先修养心性，必须做到泰山在眼前崩塌而面不改色，麋鹿在身边奔突而不眨眼睛，无论出现什么样的情况，都应镇定如常，保持心静和专注的状态，才能控制各种利害，抵御敌人。

然而，在现实生活中，面对突如其来的高压，很多人会感觉急躁、焦虑。

因为潜意识里想及早解决掉这一问题，所以容易盲目甚至贸然行动。如此一来，就增加了犯错的概率，甚至可能造成难以挽回的损失和局面。不仅问题没有得到有效解决，面临的压力反而更大了。

所以，在高压面前我们一定要静下心来，对工作进行梳理。在充分思考的前提下再行动，可以有效减少"忙中出错"的概率。如果实在没有头绪，也可以让自己先静下来，享受一个愉快的周末，看一场电影，或给自己和家人做一顿美食，把问题暂且放一放，待上班时再处理：对整体事项进行重要性和先后事项的排序，将其分解成多个阶段性的小目标，再逐一攻克。这样不仅有助于解决问题，缓解压力，还能提高工作效率。

## 二、构建底线思维

当你感觉压力很大，内心产生种种负面情绪，难以应对时，不妨设想一下：如果无法高效完成这项工作，最坏的结果是什么样的？当最坏的结果变成现实时，自己又是否能够接受和承担这样的结果？一旦你开始这样构建自己的底线思维，一切就变得清晰，明确起来。

一个人之所以感觉恐慌、压力大，除了事态本身，未知和不确定性也会让人压力倍增。比如，人们在看恐怖片时，内心会处于高度紧张的状态，因为你不知道接下来会发生什么。所以有时候当我们预判了最糟糕的结果，就会感觉一切并没有那么可怕，从而将过高的压力调到正常范围之内。

此外，在做事之前，不要执念于结果，而是只管认真制订工作计划，并有条不紊地推进工作。这种"只管耕耘，不问收获"的状态有助于我们摒弃杂念，降低压力，从而更高效地完成工作。

### 三、确保充足的睡眠

"身体是革命的本钱"，是一切的基础。一个人想要在高压之下稳定发挥，保持高效的工作状态，首先要确保自己的身体状态。所以一定要有充足的睡眠，才能有充沛的精力。

有些人在面对高压时，会出现焦虑、抑郁、失落等负面心理状态，以致夜里睡不着觉，第二天状态不佳。这不仅不利于应对压力、解决问题，反而产生了新的问题。所以当压力很大的时候，更应该让自己有充足的睡眠时间和更高的睡眠质量。为此，平时一定要养成良好的睡眠习惯，尽量在相同的时间入睡和起床，形成规律后，一旦到了入睡的时间，就会自觉放下手机，清空大脑，会更容易进入睡眠状态。如果实在感觉压力大得睡不着，可以尽量营造一个黑暗且安静的环境，临睡前也可以泡泡脚，有助于血液循环、放松肌肉。同时听一听舒缓的音乐，帮助自己减压。如果还是不能入睡，可以通过深呼吸、冥想的方法来帮助自己尽快入睡。

### 四、确保良好的心理状态

在高压之下，如果一个人内心充满了自卑、压抑、焦虑等情绪，会产生严重的精神内耗，容易凡事往坏处想。此外，因为对自身不自信，也容易缺乏积极进取的精神和改善局面的坚定信念。相比乐观自信的人，消极的人会更容易在困难和压力面前妥协。

所以，一定要保持乐观自信的心理状态。每个人都有优点和缺点。在工作中，不要总是用别人的优点来对比自己的缺点，那只会让我们越发不自信。合理的心态是既能看到自己的长处，也明白自己的不足；同时尽量做到扬长避短，给自己制订合理的工作目标，并积极付诸行动。在一次又一次完成目标的同时，自信心和能力也会不断增强，从而能够在高压之下保持高效的工作状态。

## 五、适当食用抗压食物

感觉压力很大的时候，也可以选择一些缓解压力的食物或饮品。香蕉是一种可以有效地缓解压力的水果，因香蕉中的钾可以促使身体电解质稳态并使血压降低。当人体内的钾降低时，就会产生更多增加焦虑和压力的应激激素。此外，香蕉中还含有一种色氨酸，在进入人体后会转化为血清素，血清素又被视作"快乐因子"，可以调节情绪，缓解焦虑。除了缓解压力和焦虑的效果较好，香蕉还具有便于携带、口感甜软、价格低廉等诸多优势。经常感到压力很大的职场人士，日常不妨多食用一些香蕉。

另一种可以有效缓解压力的黄色食物是姜黄。姜黄作为一种香料，在南亚和印度等地大受人们欢迎。姜黄中的姜黄素可以有效缓解焦虑。经常在高压之下工作的人可以将姜黄纳入自己的食谱，在日常烹饪中适量添加一些。

喜欢吃鱼的人，可以有针对性地选择鲑鱼、沙丁鱼、鳟鱼或鲱鱼等，这些鱼类中含有的omega-3脂肪酸是一种非常宝贵的营养素。此外，这几种鱼还富含神经递质调节剂，不仅能够帮助身体抵抗炎症，对大脑也有益处，非常适合经常用脑的职场人士。不喜欢吃鱼的人，也可以用奇亚籽来代替鱼。因为奇亚籽中也含有omega-3脂肪酸，日常在饮食中少量添加，不仅可以缓解压力，还能提高免疫力，促进消化，对心脏也可起到保护作用。很多减肥人士也会选择奇亚籽，因其能够增强饱腹感，从而有助于减肥。

黑巧克力是很多人喜欢的零食。黑巧克力中含有的糖分更低，所以适量食用不会有健康隐患和心理负担。当人们食用黑巧克力时，可以产生更多的脑啡肽，带来愉悦感。此外，黑巧克力中的可可碱和咖啡因也有兴奋作用，可以有效缓解焦虑、抑郁。

早餐桌上常见的鸡蛋，也可以缓解压力。鸡蛋中不仅含有多种营养成分，并且也含有一种抗应激化合物——色氨酸。此外，鸡蛋还可以帮助人体获得足够的健康脂肪，不仅能够为身体提供能量，还可以促进维生素的吸收，缓解抑郁、失落的情绪。

说到缓解压力的饮品，有些男性会采用饮酒的方式来放松神经，但容易产生头痛、宿醉等问题。相比之下，一杯清淡的绿茶是更明智的选择。绿茶不仅可以让心情愉悦，还可以提神和健脑，非常适合职场人士。

## 六、专注于问题本身

我们常常听到"专注于问题本身"这句话。那么，具体怎样专注于问题本身呢？比如，领导让你做一个内容比较繁杂的 PPT，时间非常紧迫。在这种情况下，你应该立即放下手中的其他事宜，把所有时间、精力都用在做好 PPT 上，尽可能地去搜集资料，选择模板和图片，分析相关数据等，这就是专注于问题本身。

与之相对的是，一些初入职场的人士在面对这种情况的时候，不是去解决问题，而是陷于慌乱，在头脑里产生了诸多问号：为什么时间这么紧迫？如果做不好怎么办？数据出错怎么办？在规定的时间内完不成怎么办？结果越想压力越大，也浪费了自己的时间精力。类似的想法和行为是非常不可取的，一个成熟的职场人士，一定要学会专注于问题本身，在高压之下，快速解决问题。

每一个人都有压力过高的时候。这时，一定要静下心来，充分思考，厘清头绪，才能更好地解决问题。此外，通过构建底线思维，确保充足的睡眠和良好的心理状态，也可以将过高的压力调回到正常阈值。经常压力过大的职场人士，在日常生活中可以有针对性地吃一些能够缓解压力的食物。当高压忽然降临时，一定要摒除杂念和无关事宜，专注于问题本身，才能真正做到在高压之下高效地解决问题。

第六章

用好压力，

打造你的核心竞争力

# 把压力转化为动力

相信很多人都听过这句话，"没有压力就没有动力"。那么，面对工作中的压力，我们又该如何将其转化为动力，并提高工作效率呢？有一个很有名的"马蝇效应"，生动演绎了压力是如何转化为动力的，这一效应和美国前总统林肯有关。

1860 年，林肯赢得大选后开始组建内阁。一天，一名银行家惊讶地看着参议员萨蒙·波特兰·蔡思从林肯的办公室走出来，不由得对林肯说道："您千万不能让这个人进入您的内阁。"林肯不解，问银行家为何这样说。银行家表示，此人是林肯的竞争对手，本想入主白宫，最终却输给了林肯，又岂能甘心？肯定会暗中查找林肯的错处，一旦林肯稍有差错，必定会被此人揪住不放。

林肯不以为意，但仍向银行家表达了感谢。没过多久，林肯就将蔡思任命为财政部部长。很多人都对此感到惊讶和不解。

时隔不久，林肯接受《纽约时报》的专访时，被问及为什么要把这样一个劲敌放到自己的内阁。林肯并未直接回答，而是给众人讲了这样一个故事。

小时候，林肯和自己的兄弟在老家的农场里耕地，林肯的兄弟扶犁，林肯负责吆喝耕地的老马。然而，这匹老马比较懒，一直慢腾腾，不愿意干活。就这样不知过了多久，林肯忽然发现老马四蹄如飞，走得很快。林肯感到很奇怪，不知老马为何忽然提高了工作效率。直到兄弟两人到地头休息的时候，林肯才发现老马身上叮着一只很大的马蝇，林肯连忙赶走了马蝇。林肯的兄弟见状，责备林肯道："为什么要把马蝇赶走呢？正是这只马蝇加快了老马耕地的速度啊！"

讲完故事后，林肯对《纽约时报》的记者说："现在你应该知道我为什么让蔡思进入内阁了吧？"

林肯又何尝不知道，将自己的劲敌引入内阁，自己的地位必然会面临威胁，而这种巨大的压力也会转化为动力，促使林肯像老马一样勤勉，一刻也不敢懈怠。由此可见，林肯是一个善用压力的人，并且能够有意识地在工作中引入压力，将压力转化为动力，促使自己不断进步。

在日常工作中，很多人可能不会像林肯一样，积极地引入压力，更多的是被动应对压力。面对这种情况，我们又如何将工作中无法避免的压力转化为动力呢？不妨参考以下策略。

## 一、正确认识压力，重塑积极心态

面对压力时，我们一定要保持积极的心态。这意味着我们会更关注解决问题的方法，而不是被负面情绪所笼罩、操控。另外，压力究竟是一个棘手的问题，还是一个机遇？其实并不取决于压力本身，而是取决于我们面对压力的态度。所以一定要保持积极的心态，在此前提下，对压力源进行分析，明确自己面对的压力，以及压力的大小等。只有明确真相和事物的来龙去脉，才能更好地将压力转化为动力。

## 二、将压力视作资源，为己所用

有这样一则寓言：一名农夫的驴子不小心掉进了枯井里。农夫想将驴子救出来，尝试了各种办法，都没能救出驴子。驴子在枯井中痛苦地嚎叫，希望能尽快上去，却不知自己即将被主人抛弃。精疲力竭的农夫不想再救这头驴子了，为了避免更多的家畜重蹈覆辙，也为了早点结束驴子的痛苦，农夫决定将这口井填起来。于是，农夫喊来邻居帮忙一起挖土填井。

起初，驴子还不明所以，待明白自己的处境后，驴子叫得越发凄惨了。又过了一会儿，驴子忽然安静了下来。农夫好奇地向井里看时，发现驴子并没有被泥土掩埋，每当有泥土落在自己身上，驴子就用力将泥土抖掉，再用脚踩实，然后站在泥土堆上面。随着驴子脚下的泥土越来越多，驴子离井口越来越近了，最终成功脱困。

面对生死存亡的压力，如果驴子站着不动，最终难免会被泥土掩埋，葬身在井底。然而，驴子却将这种压力变成了垫脚石。在日常工作中，我们也会经受各种挫折和压力，此时无须惊慌和逃避，只要像驴子一样转变思维，或许就能使压力为己所用，让事态朝着更好的方向发展。

## 三、持续学习和成长

职场中的压力是一种常态，所以我们不要寄希望于找到一份没有压力的工作，持续学习和技能提高才是保持竞争力的关键。在行业飞速发展和变革的当下社会环境中，要养成终身学习的习惯。工作之余，阅读最新的行业报告，可以使自己及时了解行业趋势和前沿技术。参加相关的社会培训或研讨会，阅读相关专业书籍，都可以不断地拓展和完善自己的知识体系。

在此过程中，不仅可以了解到新兴技术和理念，也可以及时修正个人职业发展路线，并提高自己的工作效率和工作能力，有助于日后的转型和升迁。所以，每一个职场中人都应将持续性地学习和成长作为长期战略。

同时，面对工作中具体的问题和压力，也要以从中学习和提高自己为目标，抱着这样的心态，可以将压力更好地转变为动力或机遇，从而更有效地解决问题。在应对压力的过程中，不要害怕失败或犯错误，因为失败是成功的一部分，我们可以从中吸取很多经验和教训，从而不断优化自己的策略，改进自己的方向，最终取得更大的进步和成功。

## 四、重新调整思维

面对工作中的压力，如果采用固有的思维，难免会限制自己的行为；如果转变和调整自己的思维，可能就会从压力中发现新的思路和机遇。为此，我们要保持开放和接受新生事物的态度，主动尝试不同的思考方式，转变看问题的角度。工作之余，还可以多阅读或通过与他人交流等方式拓宽自己的知识面，提高认知能力，让自己看问题的眼光更独特，思维更有深度。在日常生活中，要经常对自己的思维模式进行审视，以挑战自己的思维，纠正固有的偏见，使自己能够更全面客观地看待问题。

在工作和生活中，逆向思维是一种很常见且行之有效的思维方式。逆向思维，也叫作"求异思维"，是对司空见惯的、已成定论的现象或观点，进行打破常规和反过来思考的思维方式。比如用木柴烧水，水烧到半开的时候，木柴不够了，怎样才能把水烧开呢？正常人的思维是马上去找更多的木柴过来。其实还可以把水壶里的水倒掉一些，这样木柴就够了。这就是逆向思维。

由此可见，逆向思维不仅可以应对压力，还可以提高解决问题的效率。在工作中，想要用好逆向思维法，需要经常转变立场，站在他人的角度来看待问题。比如，你去饭店吃饭，有一道菜上得很慢，若你直接问服务员或老板，这道菜有没有下锅，如果没有下锅就算了，大家也吃差不多了。饭店一定会告诉你已经下锅了，马上就好。如果你换一种方式，问老板这道菜有没有下锅，如果没有下锅就换一道更贵的菜。老板为了获取更大的利益，一定会告诉你还没下锅。这时，你就可以说："还没下锅，就算了，大家也吃差不多了。"这就是转换立场，站在对方的角度看待问题。同理，面对工作中的压力，我们可以尝试站在同事的角度、客户的角度、公司的角度来看待问题，往往就会有不同的思路和应对压力的方案。

除了多关注对方所关注的利益，还可以从事物之间的因果关系入手，从结果倒推原因，思考产生结果的过程。就像推理和侦破案件一样，在反复思考和倒推的过程中，往往会有意想不到的灵感和思路。

解决问题的能力，是一个人的职场核心竞争力。当你能够解决更大、更多的问题，你的职场价值相应地也会越大。

在工作中，想将压力转变为动力，打造自己的职场核心竞争力，一定要保持乐观积极心态，看看有哪些压力可以直接转化为资源为己所用，又有哪些压力是常规思维无法解决的，可以通过思维的重构，或运用逆向思维有效应对。为了应对工作中长期存在的竞争压力，可以养成终身学习的习惯，不断学习和成长，提高自己的工作能力和职业技能。如此一来，工作中的压力就变成了前进的动力，解决问题的能力会越来越强，效率也会越来越高，自然而然地，就会为公司和自己创造更多的财富。

# 抓住压力背后隐藏的机遇

职场中难免存在各种各样的压力，有主观压力，也有客观压力。这些压力无论来自工作本身，还是来自我们的主观感受，都具有两面性，给我们的身体和心理带来负面影响的同时，其背后也潜藏着机遇。如果我们能抓住压力背后隐藏的机遇，不仅可以提高工作能力和工作效率，还可以让自己在职场中获得更大的发展。

工作压力是如何产生的呢？究其根本，乃是因为某些事情超出了我们的能力或控制范围。但这并不完全是一件坏事，这意味着我们有机会去完善和提高自己。所以面对工作中的压力，要积极应对，勇于挑战，使其成为自己成长道路上的助推器。

任何一种事物都有两面性，压力也一样。职场压力的背后隐藏着诸多机遇。首先，压力的背后隐藏着提高工作技能和工作效率的机会。比如，一名新员工面对公司严苛的考核标准，以及身边更优秀的同事时，心中难免会产生压力。为了能够顺利转正，并且达到其他同事的业务水平，这名员工必然会更加努力地工作，学习相应的技能，寻找更高效的工作方法。在此过程中，员工不仅提高了个人的工作能力和工作效率，也为公司创造了更高的价值。

其次，工作压力在促进个人成长的同时，还能增进团队凝聚力和同事之间的感情。当一项艰巨的任务降临时，往往需要团队成员乃至不同部门之间的同事互相配合、紧密协作，最终攻克难关。在此过程中，有着不同的性格、思维、价值观的团队成员可以进行充分磨合，从而增强团队凝聚力和协作能力。新员工也得以更好地了解其他同事，增强彼此之间的感情。为团队在日后取得更大的工作成果打下坚实的基础。

最后，我们认识到压力背后隐藏的机遇，从而转变对工作压力的态度，以更积极的心态去应对工作中出现的问题，不仅有助于问题的解决，也可以使自身得到更好的提高。

在职场中，我们不乏被动应对压力和迎接挑战的机会。公司难免会有一些难度较高的工作安排到我们身上，或者偶尔需要我们去做一些之前从未做过的事情，这些都属于被动的压力和挑战。

除此之外，我们还可以主动出击，寻求更大的挑战和机遇。当然，前提是自身已经在某一方面积累了丰富的经验，拥有过人的能力，并做好了充分的心理准备。

《周易》中的"潜龙勿用"说的就是这样的道理。或许，每一名职场中人在潜意识里都希望自己能大放异彩，在实现自身价值的同时，赢得别人的尊重和认可。但也不能盲目请缨，尤其是刚进入职场的新人，或者刚到一个新公司、新环境的人。首先要懂得潜藏和快速提高自己，无论自己有多大能力，都要谦虚学习，细心观察。在此过程中，既可以不断积累知识、技能和经验，也可以充分熟悉公司的环境和人员，为下一阶段"见龙在田"乃至"飞龙在天"做好充分的准备和积淀。

战国时期，赵国被秦国的军队包围，赵王便派平原君到楚国谈判，希望和楚国达成结盟。为此，平原君准备挑选 20 名门客和自己一同前往楚国。平原君在自己的门客中挑选了许多能人异士，最终还差一个人。这时，一个叫毛遂的门客主动站出来，请求和平原君一起前往楚国进行谈判。

平原君看了看毛遂，心中对这个门客没有任何印象，听了身边人的介绍，才对毛遂有所了解。但平原君认为毛遂来到自己门下好几年，一直默默无闻，可见此人没什么本事。便拒绝了毛遂的请求。

但毛遂并未因此气馁。毕竟平原君门下有 3000 多名门客，平原君不认识自己，甚至拒绝自己都很正常。毛遂继续向平原君自我推荐，从容自信的态度最终打动了平原君，平原君决定给毛遂一次机会，带他一同前往楚国。

抵达楚国后，毛遂向楚王陈述利害关系，最终促成了楚赵结盟。毛遂也由此一战成名。

可以说，毛遂是主动迎接压力和挑战，并把握住机遇的典型。试想一下，如果毛遂没有主动请缨，就会在高手如云的门客中继续保持默默无闻的状态，不知何时才会被平原君"看见"。相比古代的职场环境，现代的职场环境要开放得多，当我们像毛遂一样，主动去争取一些展示的机会时，面临的心理压力也要相对小一些。但现代人未必有毛遂一样的勇气，因为他们担心被领导拒绝，担心受到同事的质疑和嘲讽，担心自己争取到机会后，又把事情搞砸，有负领导和公司的信任。

毛遂之所以能够成功，源于自身的实力，以及非凡的勇气。所以我们在工作中一定要不断成长和提高自己，让自己拥有超群的工作能力，当机遇来临时，才能更好地把握住。

普通人都会有一个不断学习和积淀的过程，使自己的能力得到质的提高，才能承担更艰巨的工作任务。那么，怎样衡量自己已经具备了挑战更高难度的工作的能力了呢？

其实很简单，如果感到目前的日常工作已经可以游刃有余地应对，就可以向领导申请尝试更具挑战性的工作了。反之，如果你连日常的工作都频频出错，表现平庸，是很难获得公司和领导的信任的。

那么，在做好充分准备，且已经具备了一定工作能力的前提下，如何把握住职场压力背后的机遇呢？

## 一、保持敏锐的观察力

在工作中，不要一味埋头苦干，要时刻关注行业动态和公司的发展趋势，保持敏锐的观察力。通过敏锐观察，可以使你先人一步，发现工作中的机会和挑战。

如何保持敏锐的观察力呢？我们要对周边的环境、事物保持一颗好奇心，如此才能从中解读更多的信息，发现更多的机会；还要学会多角度思考，遇事在心中多问几个"为什么"。在现实生活中，有些人只管埋头做好自己的工作，对周遭的变化和身边的事物缺乏好奇心，对同事也只有工作相关的、必要的交流。如果你是这样的人，一定要从现在开始改变自己。一个对外界和他人漠不关心的人是不会有良好人际关系的，当需要团队协作和他人配合的时候，也会影响工作效率。所以工作之余，要保持对人和事物的好奇心，保持敏锐的观察力。

## 二、构建人际关系网

卡耐基经过长期研究得出结论："专业知识在一个人的成功中所起的作用只占 15%，其余的 85% 则取决于他的人际关系。"卡耐基的理论，强调了人际关系对于职场发展的重要性。

拥有良好的人际关系，是职场发展的关键要素。为此，我们可以从小处做起，多关心问候同事，和领导保持适当的沟通和互动，增进与领导和同事之间的感情和信任度。在工作中，也可以和同事分享自己的知识和资源，在同事需要工作上的配合的时候，主动提供帮助和支持，同时也虚心接受他人的建议，与同事共同成长和进步。在公司内部建立起自己的人际关系网，有助于更全面深入地了解公司业务，获得第一手信息，从而发掘其中的机遇。

除了在公司内部建立良好的人际关系，还应积极拓展人脉，多参加社会上的相关活动和行业会议，结识更多行业大咖和专业人士，以开拓自己的眼界，了解最新的行业信息和发展趋势。同时，也可以通过结识更多有行业影响力的人来为自己的职场发展创造更多机遇。

## 三、勇于接受挑战

工作中难免会遇到压力和挑战，如果你不敢挑战更高难度的工作和更艰巨的任务，自己的工作能力和职位也会随之停滞不前。所以一定要勇于挑战，当我们获得胜利的时候，不仅会带来巨大的成就感，自身的工作能力、效率、抗压能力等都会得到提高。

费德勒是一名出色的网球运动员，曾取得了一系列佳绩：2004年首次夺冠，2019年第四次封王，在迪拜封王之后，费德勒成为史上第二位赢得100个冠军的球员……纵观费德勒的网球生涯，是一个不断挑战和超越自己的过程。

费德勒确实是一个勇于挑战自我的人，从不给自己设限。虽然在此过程中会感受到巨大的压力，但他也获得了成长和提高的机遇。费德勒将这种挑战和压力视作一种充满刺激的乐趣，从中获得了巨大的成就感。

因此费德勒说，自己不单单是为了追逐冠军的目标，更看重追逐目标的过程。在此过程中，费德勒不仅能感受到乐趣，还能获得成长和一种充满刺激的体验。至于冠军头衔，只是一个自然而然的结果。

如果你是一个不习惯主动迎接挑战的人，可以尝试着迈出第一步，一旦有了挑战成功的经验，不仅会收获巨大的成就感，还有可能像费德勒一样慢慢爱上这种感觉，从而主动迎接和寻求更大的挑战，让自己的工作和人生打开全新的局面。

在职场中，压力和机遇常常相伴而来，但有些人只看到压力的一面，而忽略了其背后的机遇，所以会对压力产生退缩、抗拒的心理。当我们认识到压力和机遇之间的关系，就会以更积极的态度和更客观的视角去看待工作中的压力，从而有效地应对压力，提高工作能力和工作效率。

# 以压力激发自己的潜能

压力有一种神奇的魔力。在压力之下，一个人可以最大限度地发掘自身的潜能，爆发出惊人的力量。

加拿大有一名长跑教练，他培养的学员表现都非常优异，很多学员都可以在短时间内成为长跑冠军。这名教练因此颇负盛名。很多人对此感到十分好奇，想知道这名教练究竟有何秘诀。经过多番调查之后终于发现，这名教练采用的方法很简单，就是用一匹狼作为运动员的陪练。

这名教练用一匹凶猛的狼作为陪练，也是源于一次偶然的发现。

为了提高运动员的身体素质，并使运动员始终保持良好的竞技状态，教练一直要求运动员每天跑步到训练场，但有一名运动员每天都是最后一个到训练场。在得知这名运动员的家离训练场并不远后，教练便劝这名运动员，不要再浪费时间练长跑了，这一职业可能不适合他。

然而，这名运动员并没有听从教练的建议。不久后的一天，教练忽然发现这名运动员早早就赶到了训练场，甚至比其他学员早到了将近半小时，便问运动员为什么今天来这么早。运动员说自己在路上遇到了一匹野狼，野狼在后面拼命追赶，为了不让野狼追上，自己便拼命奔跑，这才比平时早到。

教练经过详细询问和计算之后，惊讶地发现这名运动员当时的速度已经打破了世界纪录。教练似有所悟。时隔不久，教练就请来了一名驯兽师，还有几匹经过训练的狼。每次训练的时候，驯兽师会将狼从笼子里放出来，恶狼对运动员穷追不舍，迫使运动员拼命奔跑，成绩很快有了大幅度提高。

所以，这名长跑教练并没有什么秘诀，但他深谙压力可以最大限度地激发一个人的潜能的道理。这名教练的做法无形中暗合了《孙子兵法》中"置之死地而后生"的理念。淮阴侯韩信"背水一战"的故事，也是一样的道理。人在极端的压力之下，有时候确实能够发挥潜能，创造奇迹。

然而，在现实生活中，这样的做法未免有些极端，容易让事态失控，所以不要轻易尝试。面对工作中的压力，想要以此激发自身潜能，我们可以尝试以下这些更稳妥、可控的方法。

## 一、树立远大的目标

当一个人在心中树立起一个远大的目标时，就会感受到相应的使命感和始终相伴的无形压力，从而更好地激发潜能，并取得更大的成就。当年刘邦进入关中后，面对秦国宫室的富丽堂皇和数不清的奇珍异宝，丝毫没有动心，纪律严明，秋毫无犯。一方面是项羽仍然能对他构成威胁，刘邦仍然能感到一种潜在的压力。另一方面是，刘邦心中有着更远大的目标，他胸怀天下，希望彻底推翻暴秦的统治后，建立一个全新的王朝，因此不会沉迷于眼前的富贵和所取得的阶段性胜利。刘邦的做法使其赢得了民心，并成为最后的赢家。

综观古今中外，但凡取得大成就之人，都是拥有远大目标者。作为中国航天事业奠基人的钱学森，一生致力于推进中国的航天事业，成功领导了中国导弹和卫星的研发工作；"杂交水稻之父"袁隆平的目标是提高水稻的产量和品质，为解决全球粮食问题作出贡献；鲁迅先生则致力于通过文学创作来唤醒中国人民的民族意识和思想觉悟，最终成为伟大的文学家、思想家、革命家。

正如拿破仑·希尔所说："如果一个人可以用一个清晰的、明确且富有激情的目标来回答'你想从生命中获得什么'这个问题，那么这个人是可以成功的。"以上人物之所以取得巨大的成就和成功，与他们拥有远大的目标有着密不可分的关系。

普通人也是如此。在工作中，一个人一旦树立起更高的目标，虽然会产生相应的压力，但也会让人充满动力和激情。另外，有了远大的目标，就有了清晰的方向，可以始终朝着目标努力，有效避免分散式的努力，从而在某一行业或领域持续深耕，工作经验、能力、工作效率都会得到不断增强。同时，也能有效地应对职场竞争压力和职业发展规划方面的压力。所以，一个人一旦树立了远大目标，会更容易发掘自身的全部潜力，取得更大的成就。

## 二、善于集智，借助外脑

一个人，无论多么聪明，能力再强，力量也是有限的。只有集合众人的力量，才能提高工作效率，取得更大的成果和胜利。

雷军曾经讲过这样一个真实的故事：上大学的时候，雷军希望用两年的时间就完成大学四年的学分。树立了这一远大目标之后，接下来就是怎样才能做到的问题。为此，一筹莫展的雷军找到高年级的学长请教。此番请教，雷军可谓收获颇丰。学长不仅将自己的学习经验毫无保留地传授给了雷军，还将自己的笔记也借给了雷军，且在选课上给了雷军很多建议。有了学长的指引和帮助，加之自身的努力，雷军由此开启了学霸模式。

不妨设想一下，如果雷军当时没有向学长请教，而是一个人默默努力，可能很难达成目标，或者要付出更多的努力才能达成目标。

在日常工作中，遇到压力和困难时，也可以多向他人请教。从别人的经验、专业知识和智慧中可以汲取很多有益的东西，不仅可以有效应对压力、解决问题，还可以帮助我们少走弯路，提高工作效率。

## 三、找到自己的"黄金时间"

随着工作和生活节奏的加快，职场中人每天都有各种纷繁的工作要处理，需要在有限的时间内完成诸多工作任务。面对这样的压力，我们又该如何激发潜能，提高工作效率呢？

其实，大部分人都有工作效率最高的时间段。比如，有的人早上的时候头脑清醒，可以有条不紊地处理工作；而有的人上午易犯困，到下午才真正进入工作状态；还有一部分人，深夜的时候头脑清醒、亢奋，智商仿佛也比白天高出一截。为此，每个人可以根据自己的情况，选择在"黄金时间"段内集中处理大部分工作。当然，对于很多普通打工者而言，不可能在深夜的时候工作，但可以选择在这一时间段内进行复盘，对工作上的重点和难点进行深度思考。

如此一来，不仅可以将自己的潜力和能力发挥到最大，使时间得到有效利用，还可以提高工作效率。

## 四、做最重要的事

经济学家巴莱多认为：在任何一项事务中，最重要的只占其中一小部分，约 20%。所以在做事情的时候，我们首先应该找出这 20%，然后把大部分时间精力花在这 20% 的事项上。因为只要将这 20% 的事项做好，就成功了一大半。

听起来比较简单，然而，在现实生活中，并非每一个人都能做到这一点。有的人在工作中眉毛胡子一把抓，把时间精力平均分配到所有事项上，不懂得如何把握重点和关键；有的人本末倒置，在无关紧要的细枝末节上，花费了大量时间精力。这两种都是费力不讨好的行为。

高手总是能轻轻松松解决问题，工作能力强的人总是能游刃有余地处理好一切。皆因他们能够把握重点，知道最应该在哪里努力。

日常工作中，我们也要有意识地养成这种思维和做事的方式，激发自身潜力，提高工作效率，在有限的时间内取得更大的成果，做出更多的成绩。

## 五、不给自己设限

面对巨大的压力，要充分相信自己，不给自己设限，才能发掘出自身最大的潜能。相信很多人都听说过"摩西奶奶效应"。在美国弗吉尼亚州的一个农场里，有一个叫"摩西"的老奶奶，她在 73 岁时扭伤了脚，无法再做农活。75 岁时，摩西奶奶开始学绘画，80 岁时举行了个人画展，并引起轰动，受到很多人的喜爱。

所以每个人的潜力都是无限的，要充分相信自己。面对工作中的困难和压力，一旦你流露出退缩、不自信的态度，觉得自己不行，就等于是在给自己设限，就会将自己的潜力封印住，无法做到更好。反之，如果你展示出充分的自信，不给自己设限，就会更容易在压力下最大限度地发挥自己的潜能。

通过以上五种策略，可以让我们在面对工作压力的时候，更好地发挥自身潜能，提高工作效率。

# 从高维度解决问题

在现代职场中，"压力大"已经成为很多人共同的感受。其实，有时候我们只需要换一种思维方式，就可以有效应对压力，让压力彻底消失，甚至将压力转变为优势或有利的因素，从而提高工作效率，打造自己的职场核心竞争力。

## 一、解决"压力源"

通过压力管理，可以有效缓解压力，将过高的压力调到自己可以承受的范围内，也可以使压力为我所用。相比之下，解决"压力源"是一种更直接、更彻底的方式，其是从根源上解决问题，从而彻底消除压力。

例如，当你感到工作压力很大时，可以采取多种压力管理方式来有效缓解压力，无论是深呼吸，还是听舒缓的音乐，都可以对压力起到缓解作用。但是，解决"压力源"并不可以让压力完全消失。很显然，这是一种更有效、更彻底的方法，但它也有局限性和适用范围，并不是所有情况下都可以采用解决压力源的方式。如果你的工作压力是由于工作方法不当带来的，这时就可以采用解决压力源的方式，改进工作方法。在此过程中，可以参考领导和同事的建议，对自己的工作方法进行不断调整和优化，你就会做得越来越好，个人工作能力和工作效率得以提高的同时，压力自然消除了。所以当我们遇到压力的时候，不妨先思考一下，是否可以解决压力源，从而让压力彻底消失。

## 二、跳出思维定式，尝试新思维方式

面对工作中的压力和困难，有时候一味地墨守成规，很难有效地解决问题。此时，不妨尝试跳出固有的思维框架，换一种全新的思维方式。

系统性思维是一种非常全面、有效的思维方式。工作中遇到压力和困难，陷入困境的时候，不妨尝试系统性思维。因为有些困难并非单一的、独立的问题，要结合整体进行系统性思考。为此，我们可以结合具体的环境，首先厘清问题的来龙去脉，发掘其中的因果关系，真正找到问题的根源和"症结"所在，才能提高解决问题的效率，有效应对工作中的压力。当问题得到解决后，还应及时复盘总结，以便以后遇到类似的问题和压力时可以及时有效的应对。

系统性思维教人们全面地思考和看待问题，而奥卡姆思维教人们透过现象，直抵问题的本质。

美国著名教育学家约翰·杜威上小学的时候，曾发生过这样一件事：时值盛夏，教室里的蚊子特别多，为老师和学生带来了很大的困扰，老师便暂停上课，组织大家一起灭蚊。尝试和采取了多种方式和手段，结果却收效甚微，蚊子仍然很多。

这时，杜威用一把从家里带来的镰刀，割掉了长在教室后面的大片杂草。蚊子终于渐渐销声匿迹了。此时，大家才明白，杂草丛才是蚊子的栖身之处和存在的原因。

电影《教父》里有一句经典台词：花半秒钟就能看透事物本质的人，和花一辈子也看不透事物本质的人，注定是截然不同的命运。

工作中也是如此，那些一眼就能洞悉问题的关键，辨别压力产生的根源的人，总是能简单高效地应对工作中的各种压力和问题。

所以我们一定要学会透过现象看事物的本质。为此，我们要保持好奇心和探知事物的欲望，多观察事物的表面特征和细节，对相关数据和资料进行详细分析，找出内在的规律和本质。这样才能有助于我们透过纷繁的表象直抵问题的核心。

吉德林法则也是一种非常有效的应对压力、解决问题的思维方式。吉德林法则是由美国通用汽车公司的管理顾问查尔斯·吉德林提出的。吉德林法则认为，工作中遇到问题时，只要把这一难题清清楚楚地写出来，便解决了一半。

现代社会中的人，大脑中往往承载了大量的信息，容易对正在思考的问题产生干扰，使人难以进行深入思考，严重降低了解决问题的效率。

然而，当我们把遇到的难题写出来，就等于把遇到的问题从纷繁复杂的信息中剥离了出来，在此过程中，还可以加深对这一问题的认识和理解，从而更好、更快地找到解决方案。

在工作中，我们该如何运用吉德林法则呢？ ① 要明确自己遇到的问题；② 深入剖析问题产生的原因；③ 根据问题产生的原因，制订相应的解决方案，可以尽可能地多制订几套方案；④ 对自己制订的多个方案进行评估，选出可行性最高的方案。如此一来，问题很快便迎刃而解。

曾有记者问稻盛和夫："一个人成功的关键是什么？"稻盛和夫回答说："思维方式。"由此可见，卓越的思维方式，不仅可以有效解决问题，应对工作中的压力，也是事业乃至人生成功的关键。

## 三、培养乐观自信的工作态度

相信很多人都听说过这个故事：面对桌子上的半杯水，悲观的人感叹，只剩半杯水了。乐观的人开心地说，幸好还有半杯水。正如丘吉尔所说：悲观主义者在每个机会里看到困难，乐观主义者在每个困难里看到机会。

在工作中，那些乐观自信的人，往往比悲观消极的人的抗压能力更强。可以说，拥有乐观自信的心态，可以使人无惧任何困难和压力。在现实生活和工作中，培养乐观自信的心态并非一蹴而就，而是需要一个刻意练习和强化的过程。面对工作中的压力，要多尝试从不同的角度去看待，找到其中的积极意义，也就是人们常说的"凡事多往好处想"。当我们养成这样的思维方式，就会发现压力和困难中往往潜藏着很多机遇和提高自己的机会。

乐观自信的心态一旦养成，压力水平会随之大幅降低，这有助于我们保持良好的身心健康状态，也会更容易从工作中获得成就感和满足感。并且这种乐观自信的状态，还会影响身边的人，使身边的领导、同事更乐于接近自己，从而拥有更和谐的人际关系，助力事业发展。所以一个人一旦拥有乐观自信的生活态度，就容易形成良性循环，让一切都变得好起来。

## 四、升级思维：世上本没有压力

香港四大才子之一的蔡澜曾说过一句话："人除了身体上的疼痛是真实的，其他痛苦都是自己想出来的。"工作中的压力也如此，这种看不见、摸不着的物质往往源自我们内心的想象，在智者眼里是不存在任何压力和困难的。

有这样一个故事，叫"西邻五子食不愁"。西邻有五个儿子，先天资质、条件各不相同：长子为人质朴，次子头脑聪明、心思活络，三子是盲人，四子是一个驼背，五子是跛脚。在周围人看来，这家的日子肯定会越来越艰难，三个残疾兄弟不仅难以找到工作，难以养活自己，还会拖累全家人。

然而，西邻一点也不担忧，待儿子们长大后，一一做好了安排：质朴的老大在家务农，干农活是一把好手；头脑聪明的老二走上了经商之路；眼盲的老三给人按摩，客人们很满意；背驼的老四给人搓绳；跛脚的老五做了纺线工人。最终五兄弟各展所长，家里的日子也越过越好。

现实生活中，如果同时拥有三个残疾儿子，恐怕大部分人都难免忧心，悲观者甚至会终日长吁短叹。然而，在西邻心里，却没有任何压力，因为一切不利的因素，在另一种环境中，都可能转化为有利的条件。西邻的三儿子虽然是一名盲人，但做按摩师却有优势。因为按摩主要以触感为主，而盲人的手感较灵敏，往往更容易觉察到客人哪个部位不好，且手法渗透力比较强，所以盲人按摩师很受欢迎。西邻让自己的盲人儿子做按摩师，就是把劣势转化成了优势；让驼背的四儿子搓麻绳，每日低头弯腰，也不会觉得累；而跛脚老五纺线织布，比正常人更安稳，更坐得住。

工作中也是如此，难免会遇到各种困难和压力。但压力和困难并不总是需要应对和解决，也可以任其自然地存在，然后将其转化为优势，或将其规避掉。比如，每个人都存在性格上的缺点，就像西邻的儿子存在身体上的缺陷一样，但是我们完全可以从事能够发挥自身优点，规避自己缺点的工作，而不是时常因自己的缺点而陷入焦虑、抑郁，或者花费大量时间、精力去补齐自己的短板，结果却收效甚微。更明智的做法是，将自己的长板发挥到极致。对于工作中的其他问题也是这样，比如你销售的商品品类不全，或断码断号，面对这种情况，可以做联单，或搞促销吸引更多客流。

所以换一种思维，你就会发现工作中没那么多困难，也没那么多压力，一切都会变得简单而高效。在领导和同事心中，你也会是一个充满智慧的人，从而强化自身的职场价值和竞争力。

第七章

用好压力：

效率和财富翻倍（一）

# 做自己的"时间管理大师"

生活中的压力如影随形，几乎无处不在。有的人能够谈笑风生，应对自如，也有很多人深陷焦虑，食不知味，夜不能寐，面对周遭的各种事宜，深恨自己分身乏术，或感叹时间不够用，工作根本做不完。

当你这样感叹的时候，有没有想过，真相可能是自己的时间没有得到合理的规划和有效的利用呢？

世界上最公平的就是时间。一天 24 小时，一年 365 天，每个人都是如此。在这有限的时间里，有的人取得了非凡的成就，有的人却在碌碌无为中度过。两者的差别不仅在于天赋、能力，还有对时间的管理。天赋是既定的，能力的提高则是缓慢的，但我们每个人都可以成为自己的"时间管理大师"，提高工作效率，缓解压力，轻松自如地应对一切。

要想成为时间管理大师，我们首先要明白什么是时间管理大师？时间管理大师即那些能够高效管理和安排自己时间的人。

但凡在自己的领域取得杰出成就的人，都是时间管理的高手。有"股神"之称的巴菲特，对此颇有心得，并提出了一个著名的 80/20 时间管理法则。也就是只做 20% 的优先级任务，就可以达成 80% 的成果。每个人的时间精力都是有限的，所以一定要明确当下最重要的事是什么，而不是眉毛胡子一把抓。

为了更好地管理好自己有限的时间，我们不妨像巴菲特一样，首先找出最值得我们花费时间的事情。我们可以在纸上先列出自己需要做的所有事项，然后将这些事项归类到以下四大模块中：重要但不紧急，既重要又紧急，紧急但不重要，不重要也不紧急。

在纸上做好分类之后，一切就都一目了然。我们最先处理的一定是重要且紧急的事务，因为这类事情不仅非常重要，并且不容拖延。其次是那些重要但不紧急的事情，这类事情虽然暂时不着急做，但一旦做成了，就会给我们带来巨大的影响和收益。所以一定要有计划地推进，力求做到最好的同时，也是防止其跃升到第一模块，成为重要且紧急的事项。

巴菲特优先处理的 20% 的事项一定包含在这两大模块中。这两大模块包含的事项会有很多，但对于精力有限的巴菲特而言，他一定会将可替代性强、可以交由他人处理的任务，放手让他人去完成，自己只做最核心的事项。结果是收益和成就没有受到任何影响，同时还能有大把的时间用于休闲和生活。

当你感到朝九晚五的生活疲于应对，或者为手上的多个项目焦头烂额，心理压力很大时，听了巴菲特的故事，希望能对你有所启发和帮助。

当你深刻理解了前两大模块，自然就知道后面两大模块该怎样做了。我们看第三个模块——紧急但不重要的事情。这类事情虽然很急迫，但并不重要，所以我们要结合自己当下的时间、精力状况去衡量是否要做这些事情。

第四大模块——不重要也不紧急的事情，比如说追剧，逛街等，在完成其他三大模块的前提下，也可以做这些事，虽然做了不会产生任何收益，但可以放松和休闲。反之，如果手上有其他重要或紧急的事情待处理，则一定要舍弃这一模块，以免挤占过多的时间和精力。

其实时间管理的本质就是目的管理，如果我们想更好地利用好自己的时间，一定要明确自己当下的目的，知道自己最想要的是什么，这样就会自然而然地排除干扰，放弃细枝末节的小事。

想要成为自己的时间管理大师，真正高效、充分地利用好时间，除了按以上四大模块来区分事情的轻重缓急之外，还应注意以下这些事项。

首先，保持专注力很重要。现代社会，随着科技的发展和信息传播渠道的多元化，人们也面临着越来越多的诱惑，注意力越来越容易被分散。在工作或者学习的时候，一定要远离手机。很多人一拿起手机就放不下，短视频一刷上就停不下来，不知不觉间，一两个小时过去了，两三个小时过去了，真正想做的工作还没有开始。于是开始焦虑，开始懊悔，甚至感到一种无形的心理压力。但用不了多久，又开始重复以前的路，所以我们一定要远离手机，阻断干扰源，才能提高工作和学习的效率。

在成为自己的时间管理大师的这条路上，我们要解决的另一个重大敌人就是拖延症。现实生活中，或许每个人都存在不同程度的拖延症，其中不乏重度拖延症患者。

拖延症的本质在于不知道自己要做什么，或者总是间歇性忘记自己的目标，所以我们不妨在头一天晚上临睡前想想第二天的计划和安排，或者在当天早上用手机备忘录列出这一天的待办事项，然后一项一项去解决掉。当你这样做的时候，会发现自己的效率提高了很多，拖延症似乎也在不知不觉中好了大半。

有位朋友为了塑造良好的职场形象，早日实现升职加薪的目标，一直立志要减肥。她每天在网上看别人减肥成功的案例，关注了很多瘦身的博主；工作之余，热衷于学习各种减脂菜谱，给自己买了昂贵的瑜伽服和瑜伽课。

一年时间过去了，朋友的体重肉眼可见地没有什么变化。每次笑谈此事，朋友都振振有词："我一直在准备减肥呀！"然后大谈特谈自己为了瘦身成功做了多少准备工作，信誓旦旦地表示，吃完这一顿，明天就正式开始减肥。

第二天一切如故。后来，在周围人的提醒下，朋友终于意识到是拖延症在影响自己的瘦身大计，于是不再沉迷于前期的准备工作，制订了严格的瘦身计划，在家人和朋友的监督下，很快瘦身成功。

所以拖延症患者一定要明确一点：比起前期的准备工作，现在就开始做是更重要的事情。因为永远也没有完全准备好的时候，即使我们完全准备好了，真正着手去做的时候，在做的过程中也会面临很多事先没有预测到的、不可控的情况。

万科集团创始人王石说："每当我想拖延的时候，我都会立刻去做这件事。"对拖延症患者而言，这确实是一个行之有效的办法。所以我们要记住这八字真言——远离手机，立即行动。

利用好碎片化时间也很重要。很多人抱怨时间不够用，确实如此，时间对谁都是不够用的，正如金钱对谁都是不够花的，除了极少数富豪。

当你抱怨时间不够用的时候，有没有想过自己其实还有很多碎片化的时间可以利用？宋代大学者欧阳修的好文章大多在"三上"得之，即厕上、枕上、马上。

我们不妨向欧阳修学习，充分利用好自己的碎片化时间，乘地铁时完全可以读十几页的电子书，提高自己的专业知识；在超市排队时，可以构思一下第二天的提案；洗澡时可以想想接下来的工作计划……

很快你就会发现，碎片化时间就像海绵里的水，只要挤一挤，总会有。而我们可以利用这些碎片化时间处理很多事情。

以上几种时间管理的方法，对大多数人而言都是比较容易做到的。但任何事情都不会一蹴而就，做自己的"时间管理大师"也是一个不断优化的过程，需要对自己上一阶段的时间使用情况进行持续的反思与调整，争取周周总结，月月回顾，才能真正让自己的时间发挥最大功效。其实，想要做好任何事情都是这样的道理。

成为自己的"时间管理大师"之后，你会发现自己可以游刃有余地应对很多复杂和棘手的工作，工作效率提高了，不用像以前一样在焦虑中熬夜奋战了，也有了充足的时间用于学习提高，不再患得患失，时常担心被降薪裁员。即使现在的平台倒下了，自己也有能力跳到更大的平台。有了底气，你也就能够善用压力了。

# 做好精力管理

社会的发展和科技的进步为我们带来了极大的便利，手机、电脑和各种以消遣休闲为目的的游戏，本身是没有问题的，错在很多人不知节制，一玩起来，仿佛被"钉"在了椅子上，可以长时间保持同样的姿势。随着外卖行业的发展和五花八门的速食产品涌现，人们足不出户，甚至不用下厨就可以解决三餐。长此以往，人的身体和精力、状态都容易出现问题。于是，出现了越来越多二三十岁的"老年人"，他们稍一加班熬夜，第二天就会精力不济，注意力难以集中；偶尔爬个楼梯，也像老年人一样气喘吁吁；每天下班回到家，感觉身心俱疲，一动也不想动。

对于职场中人，精力不济的同时，必然伴随着工作效率的低下，无法按预期完成工作任务，也无法承担更多的工作内容。维持眼前的局面已经很艰难，又何谈职场发展和升职加薪呢？

所以很多人内心很焦虑，压力很大，但他们并不知道如何改变这种现状。对他们而言，最好的缓解焦虑的办法就是拿起手机和电脑，继续玩游戏、刷剧，沉浸在虚拟的世界里，就可以暂时忘记生活的压力，忘记自己在现实社会中扮演的角色和承担的责任。

其实，这一看似复杂的问题并不难解决——只需做好精力管理。做好精力管理也不难，难的是很多人没有意识到自己需要精力管理，或是将一切简单地归结为一个理由：年纪大了。

乔布斯曾说："生活中有件重要的事情，就是管理好自己的精力。"确切地说，精力管理比时间管理更重要，前者是后者的基础，一个人只有拥有充沛的精力和良好的状态，才能做好包括时间管理在内的所有事情。

想要做好精力管理，首要的一点就是早睡早起，保持充足的睡眠。从中医的角度来说，睡眠是睡时间段，而不是睡时长，最佳睡眠时间段是晚上十点到早晨六点之间。人体的造血、排毒、修复，多在这一时间段内完成，错过了这个时间段，即使白天睡足八小时，也属于"熬夜"，长期如此，对身体的损害是很大的，必然会影响日常的状态和精力。

所以，成年人一定要有自控力，不要夜夜笙歌或沉迷游戏，抑或临睡前放不下手机。

人们容易陷入的另一个误区是认为睡得越多越好，说明身体得到了充分的休息。然而，事实并不是这样。中国人讲究中庸之道，睡眠也是如此。一个正常成年人的睡眠应该保持在 8 小时左右，睡眠过多或过少，都会使人感到精力不济，身体疲乏。

早起也同样重要。当你能够确保早睡，确保合理的睡眠时间，早起就成了一件自然而然的事情。

当你的一天从早上 6 点开始，而不是睡到中午才起床，你会感觉这一天的时间仿佛变多了，可以有条不紊地处理很多事情，给自己做一个营养早餐，精心梳妆打扮一番，开启能量满满的一天。因为精力充沛，思路清晰，工作效率也提高了很多。

生命在于运动，久坐是诸多病症产生的根源。久坐会使新陈代谢减慢，机体消耗热量的效率降低，进而引发肥胖等问题，也会使肌肉僵硬，造成肌肉疲劳或酸痛。所以工作的间隙一定要注意适当运动，劳逸结合。即使在家休息，也不要久坐不动，可以选择室内做瑜伽，或到楼下打羽毛球、踢毽子，或者去游泳等。如果是在公司，条件和环境不允许，可以每隔45分钟到1小时，在工位上活动活动僵硬的肩膀和腰身，避免出现肩、颈方面的问题。一旦身体出现这些症状，不仅会影响生活质量，降低工作的效率，还要花费大量时间、精力去医院调理。所以我们要未雨绸缪，本着"防病大于治病"的理念，将这一切扼杀在摇篮里。

养成运动的习惯，不仅可以劳逸结合，提高工作效率，还可以收获一个健康的身体，是一件受益一生的事情。

运动虽好，也应坚持适度原则。根据世界卫生组织的推荐，每周可以进行150～300分钟的中等强度有氧运动，或者75～150分钟较大强度有氧运动；每周可以做2～3次力量练习。

除了保持适量的运动，合理的饮食也很重要。因为精力来源于氧气和血糖的化学反应，所以要调整饮食结构，以此减少血糖的波动。高碳水化合物容易让人血糖升高，进而出现身体困倦、大脑疲惫的情况。所以一定要减少高碳水化合物的摄入量。那么，哪些食物算高碳水化合物呢？即我们常吃的米饭、馒头、面条等主食。

同时还要注意，不要吃得太饱。因为人在饱食的情况下，血液会集中到肠胃帮助消化，使大脑的供血减少，导致大脑疲乏，影响工作效率。这也是为什么有的人吃饱了就想睡觉。

过饱不可取，过饥同样不提倡。有些人认为饥饿可以保持精力旺盛，令思路清晰，提高工作效率，其实这是不对的。适当的饥饿有助健康，但过度饥饿会造成血糖大幅下降，导致能量不足。科学的做法是少吃多餐，及时为身体补充能量。

想要做好精力管理，保持良好的情绪很重要。当你在愤怒、沮丧或者抑郁时，都会造成精力的消耗和流失。

世界网球名将麦肯罗球技高超，但暴躁易怒，难以控制自己的情绪，发挥稍不如意，内心便感到压力和不安，常常为琐事而心烦意乱，谩骂自己的搭档，以至于常常难以发挥出应有的水平，职业生涯早早结束，34 岁便退役。后来，麦肯罗反思自己的经历，无比遗憾地表示，是愤怒挥霍了自己的精力。

所以成年人一定要学会控制情绪，一旦你被负面情绪操控，大量消耗和挥霍精力的同时，也等于把主动权交到了魔鬼的手上，很可能会出现难以收场的局面，或造成难以挽回的损失。

在职场上，也没有任何一个领导会提拔和重用一个抗压能力差，情绪不稳定，随时可能失控的人。

简言之，管理好精力是提高工作效率，降低压力的基础。为此，我们要保持良好的睡眠，合理的运动，健康的饮食习惯，并尽可能降低负面情绪及不良的爱好和生活习惯对精力的消耗，让自己每一天都精力充沛，元气满满。

# 成为终身学习者

　　现实生活中，很多人之所以工作效率低下，感觉压力很大，表层原因是自身能力不足，更深层的原因则是没有持续学习的能力和意识。

　　其实，每个人从出生开始，从拿筷子、走路，到上学后学习的各种技能和书本知识，是一个持续不断的学习过程。所不同的是，有的人一毕业就停止了学习，有的人工作三五年之后也没有停止对行业知识的探索。这就是为什么有些人工作了 20 年，工作能力却不如只有五年工龄的人，因为前者大脑中的知识已经很久没有更新过了。每个人都知道学习的重要性，但只有极少数人保持终身学习的习惯，最终成为所在领域的专家和佼佼者。

　　现代社会，各行各业的发展日新月异，知识快速更新迭代。保持对新生事物的好奇心和探索欲很重要，是职场发展和事业成功的关键。我们每个人都应该成为终身学习者。

　　被称为"智慧老人"和"汉语拼音之父"的周有光先生的一生，就是不断学习的一生。周有光先生最初研读经济学，后来对字母学产生了浓厚的兴趣。当国家成立全国文字改革委员会时，周有光先生又开始研究汉语拼音，以积极进取的心态在未知的领域深耕，最终成为"汉语拼音之父"。80 多岁高龄的时候，周老又对文化学产生了兴趣，110 多岁时仍笔耕不辍。

周有光先生之所以能在自己喜欢的领域持续钻研，并取得非凡的成就，主要是因为其有终身学习的习惯。能够在自己的领域取得长足进步的人，无一不是持续学习者。

很多人之所以不能坚持学习，或者处于被动学习的状态，是因为他们把学习当成一件苦差事，没有从学习中获得乐趣。一旦从学习中发掘出乐趣，坚持就成了一件非常轻松和自然而然的事情。

那么，如何从学习中获得乐趣和持久的动力呢？兴趣是最好的老师，所以找到自己真正感兴趣的方向和领域很重要。这样你就容易化被动为主动，自觉地去探索和钻研。

或许有人会说，自己并没有特别感兴趣的事情，大学时所学的专业和毕业后从事的工作都是随机选择的。说到"赚钱"，几乎所有人都会对此感兴趣。如果你一直没有发现自己非常感兴趣和擅长的事情，不妨以赚钱为目的，去学习一些与工作相关联的技能，比如学习最新的 AI 技术，以此为辅助提高自己的工作效率，或者在短视频大火的当下，去学习如何拍摄、制作、剪辑短视频，发展自己的副业。

万事开头难。最初的学习一定是枯燥和艰难的，但当我们坚持一段时间后，看到学习产生的效果，感到工作效率的提高，就会从中获得成就感；在坚持拍短视频的过程中，网友们的反馈和支持会促使我们不断优化，这些都会成为我们持续学习的动力。

学习自己感兴趣的事情固然容易坚持，但学习自己不感兴趣的事情和探索未知的领域，也可以在此过程中获得成就感和满足感，从而拥有持续学习下去的动力。

还有一些人之所以无法持续学习，是因为短期内看不到效果，甚至越学越焦虑，觉得自己是在白白耗费时间、精力。所以掌握正确的学习方法很重要。

## 一、设定一个短期的目标，并制订清晰可行的计划

当你每天为自己的目标而努力，生活也会变得充实。你会感到自己正走在变得强大的路上，对未来充满信心，这足以对抗和消解内心的焦虑和压力。

## 二、建立反馈机制

如果你在持续学习的过程中，能够得到及时有效的反馈，就会全面客观地认识到自己的缺点和不足，从而更好地改进。反之，如果没有建立反馈机制，则容易在错误的道路上越走越远，极大程度地影响自己的学习效果。

## 三、给自己找一个老师

如果时间、精力允许，最好找一个自己所学习的领域的高手，跟随老师一起学习，因为这样的资深人士的知识体系更完善，可以更好地指导我们。在学习的过程中，对于内心产生的困惑和问题，我们也可以及时向老师请教。

所谓"听君一席话，胜读十年书"，有时候专业人士三言两语就可以拨云见日，解开困扰了我们很长时间的难题。相比自己闭门钻研，与外界产生连接，建立良好的反馈机制，可以让我们在无形中少走很多弯路。所以一定要虚心听取他人的意见，但也要保持理性和客观，对外界反馈的信息进行分析和筛选，

而非不加选择的全盘吸收。

## 四、多读专业书籍，构建完整的知识体系

有些人为了学习某一领域的知识，关注了很多相关领域的知识型博主。其实这种方式只能作为一种辅助的学习手段，因为我们通过看视频所学到的知识往往是碎片化的，是一个个零散的点，而真正的知识是一个体系，所以要多读相关领域的经典书籍，构建起自己的知识体系和框架，才能早日融会贯通，真正学以致用。

在现实生活中，不乏有人是为了缓解内心的焦虑和压力而学习，他们一旦处于无所事事的状态，就会陷入空虚和焦虑，仿佛只有通过学习把时间填满，才能消解这种无形的压力。

须知学习的真正目的是应用，所以不要盲目学习和无效学习，只有当你通过科学的方法和清晰的规划，迅速掌握相关领域的知识，从而提高工作效率，让自己学到的知识和技能变现，才算真正的学习，也才能真正缓解压力。

# 制订计划与复盘总结

在工作中，如果一个人做事没有计划，就容易陷入低效；如果一个人不懂得复盘总结，就容易沦为低水平的重复。

如果一个人既不懂得制订计划，也不懂得复盘总结，工作效率就无法保障，工作能力也难以得到大幅度提高。长此以往，必定会逐渐落后于他人，并深感激烈的竞争带来的压力，面临慢慢被职场和社会淘汰的风险。

那些不断升职加薪，或者在事业上取得显著成就的人，也未必在某一方面占据独特的优势。除了极少数天才，大部分人的智商都不相上下。在互联网高度发达的时代，也几乎不存在信息差。那么，是什么拉开了人与人之间的差距，让一部分人变得卓越，而另一部分人始终平庸呢？

做事情的方法和思维是其中很重要的一个因素。高手都懂得制订计划与复盘总结。

如何制订计划与复盘总结呢？这是一个偏宏观和系统性的问题，我们需要将其拆分成两个板块来了解。

在做事之前制订明确的计划，工作就有了确切的目标和具体的步骤，可以避免盲目推进，也可以在一定程度上少走弯路，使工作按照事先设定的策略、完成时间和目标有条不紊地推进，从而更好地掌控全局。

制订计划是提高工作效率、保障工作成果的有效手段，尤其适用于拖延症者和诸事繁忙、应接不暇的人。如果不制订计划，他们很容易间歇性忘记自己的目标，或者一拖再拖。在临近截止日期时他们又产生焦虑，感受到一种无形的压力，并且在时间紧张的情况下，很容易使工作成果大打折扣。所以我们在做事之前一定要制订好工作计划，规避做不完或做不好的可能性。

制订工作计划不需要华丽的辞藻，但一定要有明确具体的内容，要清楚易懂，有可执行的具体步骤。一个完善的工作计划至少要包含以下事项：①明确工作的目标和需要完成的任务；②对于工作中可能遇到的问题和困难，也要事先想好应对的方案，以免后期陷入被动；③还应设定完成期限，然后就可以按照轻重缓急有条不紊地推进了；④工作计划不是一成不变的，在具体推进的过程中，可以根据实际情况来修改和完善。

制订工作计划的同时，复盘总结也很重要。复盘，这一概念来源于围棋，指棋手们在下完一盘棋后，再在棋盘上重新演练和回溯一遍，以便更好地发现自己的问题和优点，下次对弈时，棋艺就会更精进。后来，这一反思和精进的过程广为各行各业的人们所借鉴。

我们身处在一个信息"爆炸化"的时代，一个行业知识快速更新迭代的时代，每个人都感到一种无形的压力，有很多信息要了解，有很多技能要学习，有很多最新的行业书籍要阅读。

宋朝诗人黄山谷说三日不读书，便觉语言无味，面目可憎。对于很多当代的有志之士，三日不学习提高，便有思维和见识落于人后的压力。

现实生活中不乏这样的人，在一个岗位上埋头苦干了几年，一抬头发现社会和职场已经发生了翻天覆地的变化，而自己的经验和技能已经无法适应当下的职场需求和社会的发展。

时代的车轮滚滚向前，自己终是被抛下了一段路程，于是开始奋起直追，但收效甚微，越发陷入焦虑和自我怀疑，是不是自己年纪大了，大脑开始钝化，学习能力也变差了。而身边有些朋友总是能够快速在新领域取得令人刮目相看的成就，或迅速掌握一门新技能，两相对照，越发感觉"压力山大"。

其实，只要我们用好"复盘"这一武器，就可以提高效率，迅速打开局面。

晚清名臣曾国藩，小时候是一个很愚钝、很笨的孩子。曾国藩的父亲，虽然也爱读书，热衷于考取功名，但考了17次，才在40多岁的时候成为秀才。所以曾国藩不仅后天智力平平，先天也没有优势，没有优良的家族基因可继承。但就是这样一个在时人眼里比普通人还要愚笨一些的人，最终却封侯拜相，留名青史。

曾国藩之所以能取得让很多无比聪明和优秀的人士也无法望其项背的成就，其中很重要的一个原因，是曾国藩有每天写日记的习惯。事实上，这是一个不断复盘总结的过程。

遥想当年，当第17次参加科考的父亲终于榜上有名时，已经考了6次的曾国藩，此番却落榜了。

曾国藩不想沦为别人口中的笑柄，更不想像父亲一样，考了将近20年才考中秀才。于是曾国藩开始复盘自己过去的学习方法，摒弃了死记硬背的习惯，用心揣摩优秀考生的文章，精心准备一年后，第二年果然一举高中。这就是复盘的神奇力量。

曾国藩一直坚持每天写日记，每天对自己的工作和日常的言行举止进行反思，正是这种不断复盘和总结的习惯，使曾国藩最终修炼成"圣人"。

复盘，可以让我们免于长时间在低水平盘桓。善用复盘思维，普通人也可以像曾国藩一样，不断突破和精进。

那么，具体应该如何进行复盘呢？我们可以在一天的工作结束后，对当天所做的工作进行梳理和回顾，针对其中的不足和问题，思考如何改进和优化，对自己做得好的地方也要给予充分肯定，将优异的表现延续下去。

值得注意的是，复盘总结时一定要抓住主要矛盾，找到决定事情成败的关键点，才能事半功倍，提高工作效率。有的人虽然也经常复盘，但思考的都是细枝末节，以至于无法在短时间内看到成效。所以掌握正确的复盘方法很重要。

复盘一天或一周、一个月都不难，真正难的是坚持。我们将这件事持久地做下去，变成一种习惯，量变就会逐渐引起质变，即使是资质平平的普通人，也可以大放异彩，像曾国藩一样取得非凡的成就。

美国心理学家威廉·詹姆斯说："播下一个行动，收获一种习惯；播下一种习惯，收获一种性格；播下一种性格，收获一种命运。"就是这个道理。

在养成做事之前制订行之有效的计划，事后及时进行复盘总结的习惯后，你就会逐渐发现你的能量和潜质超乎你的想象，且以前感受到的压力、紧张、焦虑、低效，凡此种种，统统消失不见了。

第八章

用好压力：

效率和财富翻倍（二）

# 多项目并行时，如何做好项目管理

你身边一定有这样的牛人，可以同时运转多个项目，或者身兼数职，能够高效而游刃有余地应对一切。

再反观自己，经常做一件事情都很吃力，效率和质量都难以保证。内心倍感压力和焦虑的同时，不由得感叹，有时候人和人之间的差距，比人和黑猩猩的差距还要大。

心有余而力不足的同时，你一定不止一次在心中憧憬和设想，如果自己也能像牛人一样，同时玩转多个项目，或者在同一时间内处理多种事情，效率就会得到极大程度的提高，收入也会翻倍，工作和生活的压力都将消弭于无形。然而，梦想很丰满，现实很骨感。

很多人觉得，自己只能专注做好一件事，因为自己的时间很有限，事情多了，根本就做不完。其实很多时候，不是我们的时间不够用，而是我们的时间都在多个任务的频繁切换中消耗掉了。

美国信息学教授格洛里亚·马克和他的学生通过对科技公司的员工进行长期的观察和研究后，发现一个惊人的事实：很多员工平均每隔十分钟就会被电话、邮件或同事打断一次，之后再想将注意力拉回来，继续专注手上的工作，则需要将近半小时的时间。

这就是频繁切换任务的负面影响。现实生活中的你是否也是如此呢？在工作的过程中，一会儿刷刷朋友圈，一会儿看看新闻和八卦信息，一会儿又和朋友或同事在微信上闲聊几句。不知不觉间，就过去了两三个小时。想将注意力拉回来，赶紧处理手上的工作，发现自己的情绪和思维还处在刚才的聊天内容和接收的信息里，很难静下心来专注工作。眼看上午的时间结束了，工作却几乎没有任何实质性进展。

所以，一定要养成长时间专注于一项工作的习惯，不要频繁切换任务，尽可能地屏蔽外界的干扰。尤其是当你从事的是需要发挥逻辑思维能力、创意能力的脑力工作，比如写方案、做设计等。这些工作都需要高度集中注意力，才能最大限度地发掘自己的智慧和获取灵感。我们不可能一边写方案，一边上网课。如果执意如此，就会导致注意力分散，出现两件事都做不好的情况。

但我们完全可以一边听音乐，一边敷面膜或者做家务。因为这些事情不需要高度集中注意力，有时候甚至不需要过脑，就可以在下意识中动作熟练地完成。

所以当我们想提高效率的时候，一定要分清楚哪些任务可以并行，哪些事情不能同时做。明确这一点，就可以有效避免陷入认知和操作的误区。

那为什么很多高效的经理人可以同时推进多个项目呢？其背后自然有一套科学有效的方法论，值得我们所有人借鉴。

第一，涉及了我们在前面讲过的内容，即区分事情的紧急性和重要性，做好相应的工作安排和计划，然后按照计划有条不紊的推进。

当手上存在多个项目时，这些项目的内容、周期，以及每一阶段的进度一定是不一样的。比如，有的项目方案正在审核阶段，就会出现一段时间上的空当，我们完全可以在这段时间推进其他项目。依照这样的思路，我们就可以在做好规划的前提下，同时掌控多个项目。

第二，如果你是项目经理或者处在公司的领导层，一定要懂得充分授权，将基础性的或者不重要的工作交由下属完成，避免自己大包大揽，占用过多的时间、精力。宝贵的时间、精力应该放在重要的决策和关键的环节上。否则，即便有再多的聪明才智，最终可能也是徒劳无功。足智多谋的诸葛亮，一生致力于蜀汉的统一大业。公元234年，诸葛亮第六次北伐，派使者到司马懿军营，司马懿耐心地询问起诸葛亮的睡眠、饮食和日常事务。当听到使者说，凡是二十杖以上的责罚，诸葛亮都亲自审阅，且进食很少时，司马懿断定诸葛亮已命不久矣！事无巨细，亲力亲为，果然使诸葛亮的生命过早消耗殆尽，验证了司马懿的推断。

诸葛亮为什么不能将一些小事交给下属去做呢？手下的谋士也曾问过他这样的问题。诸葛亮说："受先帝托孤之重，唯恐他人不似我尽心也！"

诸葛亮的回答，可谓道出了自己以及当前社会一些项目经理人不能放心授权的思想根源——既不放心下属尽心尽力办事的程度，也不放心下属的工作能力。

一个人的时间、精力是有限的，明智的项目管理者都懂得培养人才，放心大胆地任用人才，以提高工作效率，确保项目的稳定运转，达成最终的目标。

如果你不是项目管理者，只是一个普通的员工，可能也会常常面临手上有多份工作需要处理的情况。初入职场者或工作经验不丰富的人，会感到面临很大的挑战和压力，一时不知从何处着手。

面对这种情况，一定要和领导确认各项工作的交付时间，先做最紧急、最重要的事项。在做的过程中，千万不要独自埋头苦干，要及时向领导汇报工作进度和面临的难度，以获取领导的帮助和同事的配合，保证高效且优质地完成工作任务。

第三，有效的沟通很重要。作为项目管理者，在向下属分配工作任务时，一定要清晰、明确，确保下属清楚地知道自己接下来该做的事情。

在真实的职场中，不乏这样一些新人员工，对领导的工作安排和要求懵懵懂懂，但出于一种莫名的自尊心，或临场反应慢，领导管理风格严苛等种种主客观方面的原因，未能及时询问和确认工作要求，事后按自己的理解盲目执行，致使项目进度被延误。

为了避免出现这样的情况，影响工作效率和项目进度，在布置工作时，项目管理人一定要和下属确认好工作内容，必要时可以让下属当场将工作要求和内容复述一遍。如果你只是一名普通员工，也要保证在开始工作之前进行充分有效的沟通。避免努力了很久，最终却发现梯子架错了墙。

第四，提高自己的专业化程度很重要。道理很简单，那些能够多项目并行的人，无一不是经验丰富、技艺精湛者。只有当你具备很高的专业度，才能从全局进行统筹规划，一眼看到项目的难度，将复杂的问题简单化，只需很少的时间和注意力，就可以保证项目的高效稳定运转，然后用剩余的时间和精力去做其他项目。

技艺不熟练的人，只能抛起和接住一个球，而技艺熟练者，可以同时抛接四五个球。所以一定要打磨和提高自己的专业技能。能力提高的同时，效率也会越来越高，自然就可以在多个项目间游刃有余，财富也会翻倍。

# 让赚钱的渠道和方式多元化

在经济和物质文明高度发展的现代社会，人们的压力似乎越来越大。很多年轻人每天一睁眼，就面临着房贷、车贷、子女教育、父母赡养等诸多需要钱来解决的问题。他们不敢生病，不敢失业，每天忙得像一个陀螺。生活成本和物价居高不下，他们不知道什么时候才能缓口气儿，歇一歇。

有人说，所谓的压力，根源都是自身能力问题。这句话也对，也不对。英雄不是总有用武之地，千里马也未必遇到伯乐，何况我们只是平凡的大多数。能力固然重要，但有时候并不起决定性作用。当我们执着于自身能力的时候，不妨转变自己的思路和心态。

比如很多人觉得自己工资不够花，把全部时间、精力都用在了努力工作上，希望早日实现升职加薪的"小目标"。

在职场上，工资的增加主要通过三种方式实现：职位得到了提高，专业技能得到了提高，承担了更多的工作内容和事项。

现实情况是，每一个公司的管理岗位都是有限的，还是普通基层员工居多，就算你有管理才能和领导力，如果公司没有出现管理岗位空缺，短期内也无法得到晋升。

其次是通过专业技能的打磨，使自己成为高端人才。然而很多公司的岗位只需员工的技能达到平均水平，或稍高即可。除非你能对公司业务成败起到决定性作用，具有不可替代性，但这样的超级员工可谓凤毛麟角。

并不是说提高专业技能没有用处，每一个职场中人都应该不断提高自己的专业能力，但如果只寄希望于技能提高后，工资马上就会得到相应幅度的上涨则是不现实的。因为现实的情况往往是复杂的。

最后一点，承担了更多的工作内容和工作量。可能是公司开拓了新业务，或某一基础岗位的同事出现离职的情况，致使你的工作量增加。当然，这需要你具备丰富多元的技能和更高的工作效率，并且这种超负荷工作的状态往往是难以持久的，也容易使你所做的工作都流于表面，难以在任何一点进行深耕，毕竟每个人的时间精力都是有限的。长此以往，对你的职场发展也很不利。

总之，当你每天为钱发愁时，寄希望于涨工资是不现实的。大部分人只是随着工龄的增加，或社会经济水平的不断提高，工资相应地略有提高，但也会被同时上涨的物价和生活成本抵销。一旦遇到大环境不好或行业缩减的时候，不仅涨薪无望，还有可能降薪，甚至被裁员。

所以不要一门心思把眼光放在涨工资上，可以尝试多方位、多角度思考，让赚钱的渠道和方式多元化。


一、发展副业


打工很难实现财富自由，但是做副业却有更大的可能性，尤其是一些处在风口和红利期的行业，"钱景"更是无限的。除此之外，发展副业还是对抗未来风险和不确定性的有效手段，可以避免自己在某一天失业后彻底断绝经济来源。

"副业"是一个宏观的概念，可选择的范围和空间非常大。那么，我们应该做什么副业呢？适合自己的才是最好的。可以选择自己最感兴趣的事情，或者自己最擅长的方向，如此才能在持续钻研的同时，形成竞争壁垒并变现。

任何事情都不能一蹴而就。如果你不确定自己最擅长、最热爱的事情是什么，不妨多尝试。在一处挖不出水源，换一处挖，或许就可以了。

做与主业相关的副业，也是一个简单高效的选择。比如，你是一名平面设计师，平时就可以接一些平面设计的单。如此一来，就可以将主业的经验和积淀迁移到副业上。另一个好处是，即使副业没做起来，自己的主业也获得了经验和技能的叠加。

短视频自媒体也是一个非常好的副业选择。这是一个最好的时代，你有任何优势和特长，都可以通过自媒体传播出去，获取流量的同时，为自己增加收入。

小美是一个工作能力平平的女孩子，也是一个"月光族"，每个月的工资都不够花，她因此深感压力。但小美人如其名，特别爱美。工作之余的大部分时间都宅在家里化妆。最初，小美只是将这件事当成一种乐趣，一种消磨时间的日常习惯。但她的化妆功力却与日俱增，也有了很多自己的心得和技巧，周围的朋友和同事经常向小美请教。

有人建议小美将自己的化妆过程拍成短视频。小美也期盼着自己的业余爱好能变现，于是将自己精心剪辑的视频上传到了平台，虽然只有几个粉丝支持和留言，仍然给了小美莫大的鼓励和动力。之后小美借鉴其他美妆博主的经验，对自己的视频不断优化，吸引了越来越多的粉丝关注，渐渐火了起来。小美自然而然地走上了"带货"之路，偶尔还会接到与化妆品相关的广告。副业的收入慢慢超过了主业。

简言之，副业如果与主业相关，或者恰好是自己热爱和擅长的事情，都可以为自己节省很多时间和精力成本。或者选择当下大火的自媒体和短视频，一旦做起来，也会带来非常可观的收入。

如果你的主业无法拓展副业，做自媒体也力不从心，也有很多其他选择，比如发传单、兼职送外卖、送快递、跑滴滴、兼职服务员、钟点工，等等。只要有健康的身体和勤劳的双手，总能找到可以赚钱的办法。但这些都是退而求其次的选择。

值得注意的是，做副业不要妄想着一夜暴富，要脚踏实地，慢慢来。副业收入超过主业收入也是小概率事件。所以做副业的同时，不要丢了自己的主业，同样要努力工作，提高工作能力。

## 二、理财

除了发展副业，理财也是一个提高收入的有效途径。平时学习一些理财知识，就可以让"钱生钱"，而无须再出卖自己的时间和劳动力来换钱，非常适合那些主业繁忙、无暇分身做副业的人。

## 三、节流

攒钱是一种变相增加收入的方式。如果不能开源，那就可以尽可能的节流，日常养成记账的习惯，减少盲目消费和冲动消费。

存钱的方法五花八门，诸如 52 周存钱法、12 存单法等。以 12 存单法为例，即每月从工资中固定拿出一部分，单独存一张一年期的存单。一年后手里就会有 12 张金额相同的一年期定期存单。从第 13 个月开始，前面 12 张存单将依次到期。这时可以根据自己的需求情况，选择取出本息，或选择存单自动转存，当月新增加的存款也存入该存单中。

你不理财，财不理你。当我们用心理财，积极攒钱的时候，手中的财富会像滚雪球一样，越滚越大。

## 四、卖闲置物品

闲鱼、京东闲置等二手平台，也不失为增加收入的有效途径。当你需要搬家或大扫除的时候，经常会发现家里有很多闲置的家电，甚至还有一些奢侈品，买的时候都价格不菲，但已经成了"鸡肋"，留着也用不到，送人找不到合适的对象，扔了又很可惜。这时就可以挂到二手平台上卖出去，不仅能增加收入，还腾出了空间。

当你通过多种途径，使财富得到了有效和可持续的增长时，就不会再为未来的风险和不确定性而焦虑，不会在持续上涨的物价和日常的各种开销面前感到"压力山大"。金钱虽然不是万能的，却是成年人最大的底气。

这时，你会感谢曾经的压力，它虽然时常让你夜不能寐，但它最终也催生出更强大的你。

# 学会借力，让别人为自己赚钱

近年来，时常听到因工作劳累、压力过大等原因导致猝死的新闻。

工作压力越来越大，生活成本越来越高，不眠不休已经成为很多人的常态，其中大部分人虽然很幸运，没有达到猝死的程度，但也处于不同程度的亚健康状态。

工作是做不完的，金钱也是赚不完的。无论是创业者，还是打工人士，都要懂得借力，无限透支自己的时间和精力来换取金钱，只能赚到有限的钱，并且是不可持续的。

犹太人做生意的秘诀之一，就是借鸡生蛋。一个人的时间、精力、能力都是有限的。凭借个人单打独斗，即使再努力，也只能赚到小钱，真正赚大钱的人都懂得借力思维。有句话说得好，"智者当借力而行"，凡成大事，赚大钱者，都是懂得借力的高手。

## 一、借助人脉赚钱

人脉是人生成功的关键因素。所以我们要学会借助人脉的力量，主动拓展自己的社交圈，与优秀人士建立联结。为此，可以多参加一些行业会议、社交团体等，与优秀者近距离接触，并获取对方的联系方式。还可以在一些社交媒体平台拓展自己的人脉，和行业专家互动，增进双方的了解和沟通，留下良好的印象。当在相关领域遇到问题时，就可以向这些牛人求助，往往牛人和专家的三言两语就可以为我们答疑解惑，指明方向和出路。

搭建起人脉网后，维护人脉也很重要。要定期保持互动和沟通，也要充分尊重对方的时间和私人空间，不要过于频繁地打扰对方，或者向对方请教问题。当对方为我们提供帮助，要适时表达感谢。

同时，还应积极建立个人品牌。通过短视频、公众号文章等方式展现自己对行业的见解，或者自己的优势和能力。借助他人之力的同时，也要使自己的专长能够为他人所用。彼此都拥有对方所需要的价值，才是人脉得以长久维系的根本。

## 二、借助他人的能力和才华

汉高祖刘邦曾说：运筹帷幄决胜千里，我不如张良；镇国家抚百姓，保障后勤供应，我不如萧何；行军打仗，战必胜、攻必克，我不如韩信。这三位都是人中豪杰，而我能够用他们，这才是我最终取胜的原因。

借助他人的能力，听起来似乎并不难，实际上，这一条可以说是一门高超的艺术。首先，需要我们知人善任，要对他人的能力和综合素质有一定程度的了解。其次，还要懂得授权，放心大胆地把工作交给他人完成，而不是过于担心别人的能力，或总觉得别人不如自己尽心尽力。一个领导者，如果事必躬亲，即便能力再强，也会疲于应付，甚至像途牛旅游网副总经理李波和春雨医生创始人张锐一样，走上过劳猝死之路。最后，培养人才和做好利益分配也很重要。很多人的心魔在于，不愿意培养人才，担心别人羽翼丰满后就会离开；或者在利益分配上纠结，总觉得别人得到的已经足够多了。刘邦正是因为舍得分钱、分权，才能凝聚人心，赢得天下。若想真正借助他人之力，一定要克服这些心魔，才能让优秀之士为己所用。

## 三、善于借势

雷军有一句名言："站在风口上，猪都能飞起来。"古往今来，那些能够一跃而起、跻身顶峰的人，大多是善于借势者。

中唐时期，有一个非常有名的借势扬名局。当时有一个默默无闻的小伙子，名为牛僧孺，他希望考中进士报效国家。但同期的考生都很优秀，让牛僧孺备感压力，对科举考试没有太大的把握。于是，牛僧孺拜访了当时大名鼎鼎的韩愈和皇浦湜。二人读罢牛僧孺的文章，非常欣赏他的才华和志向，便想帮助这个年轻人。

于是，韩愈详细询问了牛僧孺家的地址，告诉牛僧孺，自己过两天会和皇浦湜一起去找他，到时候他一定不能在家。牛僧孺虽不解其意，还是连声答应下来。

随后韩愈和皇浦湜果然去拜访牛僧孺了，两大名人的出现，吸引了很多路人的目光，人们跟随韩愈和皇浦湜来到牛僧孺家门口。韩愈上去敲门，屋内无人回应。韩愈取出笔墨，在大门上唰唰写了起来，大意是自己和皇浦湜前来拜访，刚好赶上您不在家……

消息迅速传开，牛僧孺顿时成为人们眼中的神奇人物，声誉如日中天。牛僧孺的仕途也由此顺利展开，最终成为当朝宰相。这就是借势扬名局。

对于当代人，不仅要学会借他人的势，还要借时代的大势，以及行业的发展趋势，才能"好风凭借力，送我上青云"，让个人财富实现指数级增长。

当下数字化已成为必然趋势，"ChatGPT""AI机器人"可以帮我们打开数字化时代的大门，可以选择相关的创业方向，或以此为辅助工具，提高自己的工作效率。

如果你选择进入夕阳行业，未来随着行业的缩减，自己的收入也会不断缩水，甚至面临失业、找不到工作等情况，你的压力会越来越大。所以一定要选择符合时代发展趋势的行业，这样就等于走上了一条充满机遇和财富的康庄大道。

## 四、借钱赚钱

除了借势、借力、借助人脉以外，借钱赚钱，也不失为一种有效的策略。有些人深感自己从事的工作没有前途，打工难以实现财富自由，创业又没有资金，于是，晚上想想千条路，早上起来走原路，始终被困在朝九晚五的格子间里。年复一年，随着年纪越来越大，也越发感到焦虑和压力，却不知如何改变现状。

其实，转变一下思路，就会柳暗花明。犹太人做生意的秘诀之一，就是借鸡生蛋：自己想吃鸡蛋，却又没有鸡，不妨借一只鸡，让它为自己生蛋。富人之所以能做成很多大生意，有时候并不是因为他们手里的原始资金充裕。香港商业巨头李嘉诚也是"借鸡生蛋，借钱赚钱"的高手。富人都善于用别人的钱来为自己赚钱。

很多人之所以做不到"借钱赚钱"，一方面是因为不好意思向人伸手借钱，另一方面是因为害怕背上债务。其实金钱本身就是流动的，如果你已经有了明确的创业方向和计划，且有一定的把握和胜算。那么，即使为此背上负债，也是良性的负债。

生活中不乏普通人借钱创业，从而走上致富之路的案例：解红涛出身贫寒，最初在济南一家机械加工厂工作，因结婚盖新房欠下了3万多元的外债，女儿出生后，一度连医药费都付不出，时常要向父母借钱。然而，经济的压力并没有压垮这个年轻人。为了改变经济现状，让家人过上更好的生活，谢红涛借了6000元作为启动资金，开启了养殖黄粉虫的创业之路。克服种种困难后，终于收获了自己进入养殖行业后的第一桶金。后来谢洪涛的黄粉虫，不仅在国内打开了销路，也打开了国外的市场，年销售额达到数千万元。

如果谢洪涛当初没有借钱创业，而是迫于生活的压力，回到厂里继续打工，可能至今还是一个勉强糊口的打工仔，凭借独到的商业眼光和嗅觉看中的创业项目也会胎死腹中。

所以不是手里有钱才能实现商业理想，借钱、融资都是富人的常规操作。普通人，只要学会这一点，也可以撬动金钱的杠杆，实现财富倍增。

金钱虽然不是万能的，但可以解决生活中的大部分问题。如果你的压力是由金钱带来的，当你通过借力、借势、借助人脉和金钱等多种方式使自己的收入水平赶超身边人，甚至实现了财务自由，压力就会消弭于无形。